mathematics

누구나

수학
용어
사전

박구연 지음

지브레인

누구나
수학 용어 사전

ⓒ 박구연 , 2022

초판 1쇄 인쇄일 2022년 12월 8일
초판 1쇄 발행일 2022년 12월 17일

지은이 박구연
펴낸이 김지영 **펴낸곳** 지브레인Gbrain
제작·관리 김동영 **마케팅** 조명구

출판등록 2001년 7월 3일 제2005-000022호
주소 04021 서울시 마포구 월드컵로7길 88 2층
전화 (02)2648-7224 **팩스** (02)2654-7696

ISBN 978-89-5979-675-5 (03410)

　우리는 무언가 새로운 것을 배울 때 가장 먼저 해당 용어를 배운다. 영어도 단어를 많이 아는 사람이 더 쉽게 배울 수 있다는 것은 여러분도 잘 알 것이다. 수영도 다양한 용어를 알아야 강사의 말을 잘 알아 들을 수 있고, 4차 산업혁명 시대의 기본 언어인 코딩 역시 기초 용어를 잘 알고 있어야 프로그램을 따라갈 수 있다. 하물며 은행에서도 통장, 도장, 입출금 등 은행 업무에 해당하는 용어를 말한다. 그리고 이는 수학도 마찬가지다.

　수학 용어를 미리 알면 어려운 단원이나 영역을 시작하더라도 학습이 용이할 수 있다. 어려운 문제를 풀게 될 때도 가장 기본이 되는 용어의 정의를 한 번 더 떠올리며 문제를 살핀다면 술술 풀리는 즐거운 경험도 가능할 것이다. 수학을 쉽게 즐기면서 할 수 있는 기본 중 기본 방법이 수학 용어에 대한 정확한 이해에서 출발하게 되는 것이다.

　'바쁠수록 돌아가라'는 격언이 있다. 인생에 적용되는 이 격언은 수학에도 중요하다. 수학은 공식과 풀이만 알면 되는 것이 아니라 원리와 기본에 충실할 수 있도록 용어의 정의를 기억하고 재확인하는 것이 수학을 잘하는 지름길과 같다.

　《누구나 수학 용어 사전》은 첫 장부터 차례로 읽는 대신 필요한 부분을 찾아보며 정확한 수학 용어를 확인하고 도표와 그래프, 풍부한 예를 통해 한눈에 이해하도록 구성되어 있다. 그러니 다양한 수학 문제와 예제들을 풀 때 또는 수학 관련 서적을 보면서 궁금해지는 수학 용어가 있다면 주저 없이 이 책을 펼쳐 찾아보길 바란다. 당신이 이 책을 넘기는 시간이 쌓이는 만큼 당신의 수학에 대한 자신감 역시 쌓여 갈 것이다.

박구연

contents

ㄹ

contents

contents

contents

contents

ㅎ 341

누구나

수학 용어 사전

가감법 addition or subtraction method

두 개의 방정식을 더하거나 빼서 푸는 연립방정식 풀이 방법
중 하나.

예 $\begin{cases} x + 2y = 6 \\ x - 2y = -2 \end{cases}$ 을 풀어보자.

두 식을 더하면

$$x + 2y = 6 \quad \cdots ①$$
$$+) \ \underline{x - 2y = -2} \quad \cdots ②$$
$$2x = 4$$

$$\therefore \ x = 2, \ y = 2$$

가분수 improper fraction

분자와 분모가 같은 분수 또는 분자가 분모보다 큰 분수.

예 $\dfrac{2}{2}$, $\dfrac{5}{5}$, $\dfrac{15}{4}$, $\dfrac{27}{8}$

가비의 이 加比의 理

비의 값이 같으면 개별적인 분모와 분자의 합도 그 비의 값과 같게 된다는 정리.

예 $\dfrac{1}{2} = \dfrac{2}{4}$ 에서 비의 값을 각각 더하면 $\dfrac{1+2}{2+4} = \dfrac{3}{6}$ 이 된다. 여기서 $\dfrac{3}{6}$ 을 약분하면 $\dfrac{1}{2}$ 이므로 가비의 이가 성립한다.

$\dfrac{4}{7} = \dfrac{8}{14} = \dfrac{12}{21}$ 도 분모와 분자를 각각 비를 더하면 $\dfrac{24}{42}$ 가 되며 이를 약분하면 $\dfrac{4}{7}$ 이다.

가우스 Carl Friedrich Gauss, 1777~1855

독일의 수학자이자 물리학자. 정십칠각형의 작도법 발견, 정수론 연구와 그에 따른 황금정리 발견, 천체운동론 출간, 물리학과 위상해석학과 통계에도

많은 공헌을 했으며 오늘날에도 가우스가 붙은 수학기호나 공식이 많이 쓰이고 있다.

가우스 평면 complex number plane

복소수 $a+bi$에서 a는 실수축에 b는 허수축에 대응할 때 나타낼 수 있는 좌표평면. 복소평면이라고도 한다.

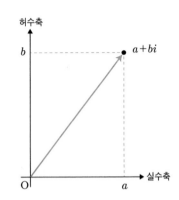

가우스 함수 Gaussian function

가우스 함수는 두 가지 의미가 있다. 하나는 바닥함수, 계단함수 또는 최대정수함수로 일컫는 가우스 함수이다. 가우스 기호 [ ]를 사용하여 구간별로 최대정수를 구한 후 상수로 나타낸 함수이다. $[x]$는 x보다 크지 않는 최대정수이다. 예를 들어 [2.1]은 2가, [3.999]는 3이 된다. 그래프로 $y=[x]$를 그리면 다음과 같다.

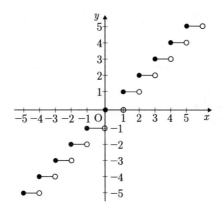

또 다른 가우스 함수는 정규분포를 말하며, 좌우대칭의 종 모양 함수이다. 통계학에서 기본적으로 소개되는 함수이다.

가속도 acceleration

단위 시간 당 속도의 변화량. 가속도는 평균 가속도와 순간 가속도의 2가지가 있다.

① **평균 가속도**: 시각 t_1인 순간에 속도가 $\vec{v_1}$이다가 시각 t_2인 순간에 속도가 $\vec{v_2}$인 물체가 있으면 평균 가속도는 $\dfrac{\vec{v_2} - \vec{v_1}}{t_2 - t_1} = \dfrac{\Delta \vec{v}}{\Delta t}$ 이다.

② **순간 가속도**: Δt가 0에 가까워지면 시각 t_1인 순간의 가속도에 가까워지며 순간 가속도는 $\vec{a} = \lim\limits_{\Delta t \to 0} \dfrac{\Delta \vec{v}}{\Delta t} = \dfrac{d\vec{v}}{dt}$ 이다.

미적분학에서 거리, 속도, 가속도의 관계는 다음과 같다.

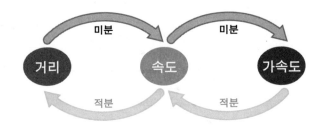

가수 ^{mantissa}

상용로그를 정수와 1보다 작은 소수의 합으로 나타낼 때, 1보다 작은 소수 부분.

$$\log N = n + \alpha$$

n은 지표, α는 가수이다.

예 $\log 125 = 2 + \log 1.25$

$\qquad\quad = 2 + 0.0969$

지표는 2이고, 가수는 0.0969이다.

가정 ^{hypothesis}

'p이면 q이다.'라는 조건문에서 'p이면'에 해당하는 부분을 이르는 말.

예 '정사각형이면 직사각형이다'에서 '정사각형이면'에 해
당하는 부분이 가정이다.

가중평균 weighted average

자료값의 중요도에 따라 가중치를 부여하여 계산해 구하는
평균이다. a, b, c의 평균을 단순계산하면 $\dfrac{a+b+c}{3}$ 이지만 a에
1, b에 2, c에 3의 가중치를 부여하여 가중평균을 계산하면
$\dfrac{1 \times a + 2 \times b + 3 \times c}{1+2+3} = \dfrac{a+2b+3c}{6}$ 이다.

가필드의 증명 Garfield's proof

미국의 대통령이자 수학자였던 가
필드 James abram Garfield, 1831~1881 가 피타
고라스의 정리를 증명한 수학적 방
법. 사다리꼴의 넓이가 3개의 직각삼
각형의 넓이의 합과 같다는 식으로
설정하여 증명했다.

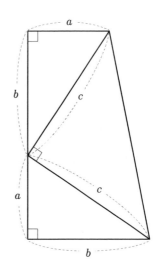

'사다리꼴의 넓이＝3개의 직각삼각형의 넓이의 합'이므로

$$\frac{1}{2} \times (a+b)(a+b) = \frac{1}{2}ab \times 2 + \frac{1}{2}c^2$$

식을 정리하면

$$a^2 + b^2 = c^2$$

각 _{angle}

하나의 점에서 그은 두 개의 반직선에서 생기는 도형.

예

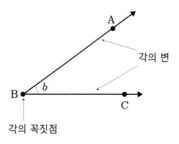

위의 그림에서 $\overrightarrow{BA}$ 와 $\overrightarrow{BC}$ 가 이루는 도형이 각이다. 수학기호로 ∠ABC 또는 ∠CBA 또는 ∠B 또는 ∠b로 나타낼 수 있다. 즉, 각을 표기하는 기준은 각이나 꼭짓점이 될 수 있다.

각기둥 ^{prism}

평행하고 합동인 한 쌍의 다각형인 밑면과 직사각형 모양인
옆면으로 둘러싸인 입체도형.

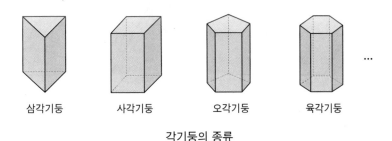

| 삼각기둥 | 사각기둥 | 오각기둥 | 육각기둥 |

각기둥의 종류

각기둥은 밑면의 모양에 따라 명칭이 결정된
다. 그리고 밑면은 다각형이므로 밑면이 원인
원기둥은 각기둥이 아니다.

각기둥이
아니다!

원기둥

각도 ^{angular measure}

각의 크기.

오른쪽 그림에서 두 반직선이 이루는
각의 크기는 120°이다.

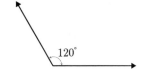

120°

각도기 protractor

각도를 측정하는 기구.

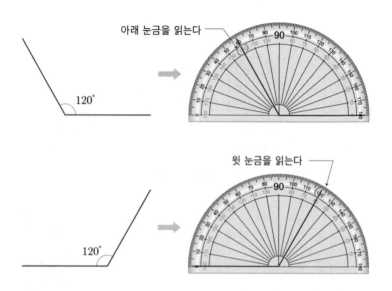

아래 눈금을 읽는다

$120°$

윗 눈금을 읽는다

$120°$

각뿔 pyramid

다각형인 밑면과 삼각형인 옆면으로 둘러싸인 입체도형.

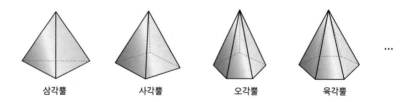

삼각뿔   사각뿔   오각뿔   육각뿔   …

그리고 원뿔은 각뿔에 해당되지 않는다. 밑면이 다각형이 아닌 원이기 때문이다.

각뿔이 아니다!

원뿔

각뿔대 frustum of pyramid

각뿔을 밑면에 평행하게 가로로 자르면 생기는 두 개의 부분 중 아래 부분.

위의 그림처럼 삼각뿔을 밑면에 평행하게 가로로 자르면 아래 부분이 삼각뿔대가 된다. 삼각뿔을 포함한 각뿔대는 두 개의 밑면이 평행하지만 합동은 아니다.

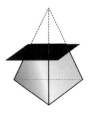

삼각뿔대

사각뿔대

오각뿔대

육각뿔대

...

그리고 원뿔대는 밑면이 다각형이 아닌 원이므로 각뿔대에 해당하지 않는다.

각뿔대가 아니다!

원뿔대

각의 이등분선 정리 angle bisector theorem

삼각형의 내각 또는 외각의 이등분선과 관련하여 변의 길이를 나타낸 정리. 내각의 이등분선의 정리와 외각의 이등분선의 정리가 있다.

(1) 내각의 이등분선의 정리

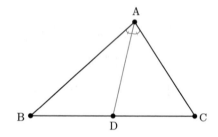

∠A의 이등분선이 $\overline{BC}$와 만나는 점을 D로 하면 $\overline{AB}:\overline{AC}=\overline{BD}:\overline{CD}$가 성립한다.

(2) 외각의 이등분선의 정리

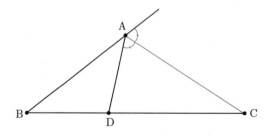

삼각형 ABC에서 ∠A의 외각의 이등분선이 $\overline{BC}$와 만나는 점을 점 C로 하면 $\overline{AB} : \overline{AD} = \overline{BC} : \overline{CD}$가 성립한다.

갤런 gallon

영국에서 시작된 액체의 부피 단위이며, 와인의 부피를 재는데 많이 쓰였다. 미국에서는 휘발유의 단위로 많이 쓰인다. 영국의 갤런 단위는 미국보다 1.18배 더 크다. 미국 기준으로 1갤런은 약 3.785412(L)이다.

거듭제곱 power

제곱, 세제곱, 네제곱, …처럼 같은 숫자 또는 문자, 식을 여러번 곱한 것.

> **예** **수의 제곱**　　$2 \times 2 = 2^2$
>
> **문자의 세제곱**　$a \times a \times a = a^3$
>
> **식의 네제곱**　　$(x+1) \times (x+1) \times (x+1) \times (x+1) = (x+1)^4$

거듭제곱근 radical root

$x^n = A$에서 n 제곱하여 A를 만족하는 x.

예 $x^2=1$일 때 x를 거듭제곱하여 1이 되기 위한 x는 ± 1이다. 여기서 ± 1이 거듭제곱근이다.

$x^2=2$일 때 x를 거듭제곱하여 2가 되기 위한 x는 $\pm\sqrt{2}$이다. 여기서 $\pm\sqrt{2}$가 거듭제곱근이다.

거리 distance

두 점 사이를 연결한 길이.

예

두 점 A, B 사이의 거리는 5cm이다.

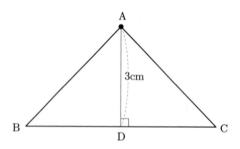

삼각형 ABC를 보면 점 A에서 $\overline{BC}$에 내린 수선의 발이 가장 짧은 거리가 된다. 또한 이 길이가 삼각형의 높이가 된다.

한 변의 길이가 4cm인 정육
면체를 보면, 점 A에서 평면
EGHF에 내린 수선의 발이
가장 짧은 거리이다. 따라서
그 거리도 4cm이다.

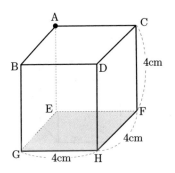

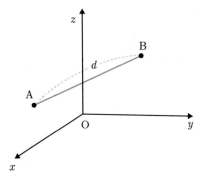

공간좌표에서 점 A의 좌표를 $(x_1,\ y_1,\ z_1)$,
점 B의 좌표를 $(x_2,\ y_2,\ z_2)$로 정하면 거리 d는
$\sqrt{(x_2-x_1)^2+(y_2-y_1)^2+(z_2-z_1)^2}$ 이다.

겉넓이 surface area

입체도형에서 모든 면의 넓이를 더한 것.

예 겉넓이를 구하기 위해 전개도를 이용하면 편리하다.

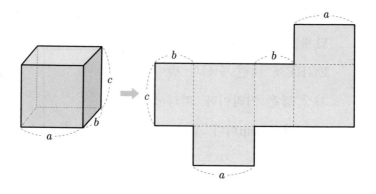

직육면체의 겉넓이 $S=2(ab+bc+ca)$

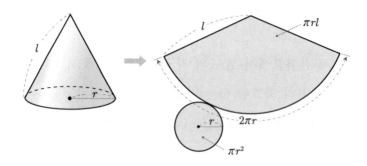

원뿔의 겉넓이 $S=\pi r^2+\pi rl=\pi r(r+l)$

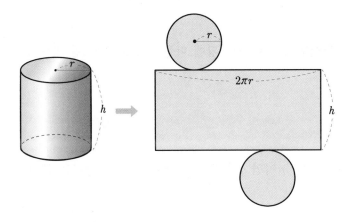

원기둥의 겉넓이 $S=2\pi r^2+2\pi rh=2\pi r(r+h)$

겨냥도 sketch

입체도형의 전체 모습을 잘 파악하기 위해서 보이는 모서리는 실선으로, 보이지 않는 모서리는 점선으로 나타낸 그림.

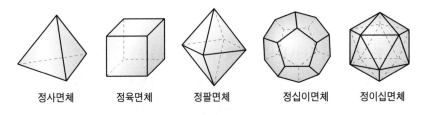

| 정사면체 | 정육면체 | 정팔면체 | 정십이면체 | 정이십면체 |

정다면체의 겨냥도

결과 outcome

불확실한 실험이나 상황에 따른 관측값, 가능한 모든 값.

결론 conclusion

명제에서 'p이면 q이다.'에서 'q이다.'에 해당하는 문장.

결합법칙 associative law

식의 계산에서 3개의 수를 더하거나 곱할 때, 어떤 두 수를 먼저 더하거나 곱해 계산하여도 결괏값이 동일한 법칙.

덧셈의 결합법칙　$(a+b)+c=a+(b+c)$

곱셈의 결합법칙　$(a \times b) \times c=a \times (b \times c)$

경우의 수 odds

한 번의 실험이나 시행으로 일어날 수 있는 가짓수.

예 동전을 한 번 던지면 발생하는 가짓수는 앞면(H)과 뒷면(T)이다. 따라서 경우의 수는 2이다.

주사위를 한 번 던지면 나타나는 가짓수는 1, 2, 3, 4, 5, 6이 된다. 따라서 경우의 수는 6이다.

계급 class

변량을 일정한 간격으로 나눈 것.

예 다음은 어느 초등학교 6학년 학급의 학생 30명의 키를
나타낸 도수분포표이다. 도수분포표를 작성하기 위해서
는 계급과 도수를 표기해야 한다.

계급(cm)	도수
140(이상)~145(미만)	4
145(이상)~150(미만)	9
150(이상)~155(미만)	10
155(이상)~160(미만)	7
합 계	30

여기서 계급은 140 이상 145 미만, 145 이상 150 미만, 150
이상 155 미만, 155 이상 160 미만으로 4개이다.

계급값 class mark

계급을 대표하는 중앙값. 계급값 계산은 계급의 양 끝값의 합
을 2로 나눈 것과 같다.

계급(cm)	도수(명)	계급값(cm)
140(이상)~145(미만)	4	142.5
145(이상)~150(미만)	9	147.5
150(이상)~155(미만)	10	152.5
155(이상)~160(미만)	7	157.5
합 계	30	−

$$140 \text{ 이상 } 145 \text{ 미만의 계급값} = \frac{140+145}{2} = 142.5$$

계급의 크기 class Interval

계급에서 큰 값과 작은 값의 폭.

예 140 이상 145 미만의 계급의 크기=145−140=5.

계급이 일정하게 나누어지면, 계급의 크기는 항상 일정하다. 계급의 크기가 다른 계급이 있다면 잘못된 것이다.

계산기 calculator

여러 산술 계산이 가능한 도구.

예 고대 중국에서는 주판을 이용해 계산을 편리하게 했다.

서양에서는 1642년 파스칼이 계산기를 발명한 후 1965년에 요즘과 같은 계산기의 형태로 소형화되었다. 각종 컴퓨터의 명령어 수행, 알고리즘 작업까지 복잡한 연산과 함수의 생성에도 기여한다.

계수 coefficient

문자와 숫자의 곱으로 구성된 식에서 문자 앞의 숫자.

예 $5x$에서 5는 x의 계수이다.

$6x^3$에서 6은 x^3의 계수이다.

계차수열 progression of differences

수열의 이웃하는 두 항의 차로 구성된 수열.

수열 a_1, a_2, a_3, $\cdots$, a_n, a_{n+1}, $\cdots$가 있을 때, 이웃하는 두 항 a_2-a_1을 b_1, a_3-a_2를 b_2, $\cdots$, $a_{n+1}-a_n$을 b_n으로 하여 b_n이 수열을 이루면 계차수열이다.

계차수열을 구하는 공식

$$a_n = a_1 + (b_1 + b_2 + \cdots + b_{n-1}) = a_1 + \sum_{k=1}^{n-1} b_k \, (n \geq 2)$$

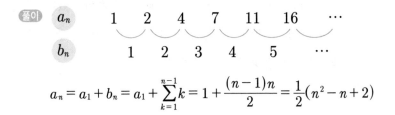

1, 2, 4, 7, 11, 16, …의 일반항을 구하면?

풀이 a_n 1 2 4 7 11 16 …

b_n 1 2 3 4 5 …

$$a_n = a_1 + b_n = a_1 + \sum_{k=1}^{n-1} k = 1 + \frac{(n-1)n}{2} = \frac{1}{2}(n^2 - n + 2)$$

고차부등식 Inequality of higher degree

차수가 3차 이상인 다항식으로 구성된 부등식.

예 삼차부등식 $x^3 - 4x^2 + x + 6 > 0$의 해를 구할 때는 인수분해를 하고, 그래프를 그린다.

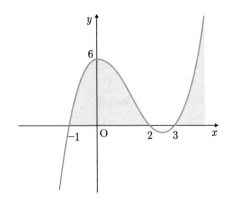

인수분해를 하면 $(x+1)(x-2)(x-3) > 0$이며 위의 색칠한 부분이 부등식의 해가 된다.

따라서 $-1 < x < 2$, $x > 3$

곡면 surface

구부러진 2차원의 면.

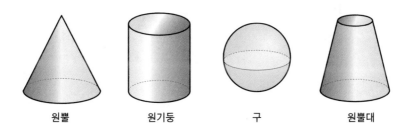

원뿔　　　　　원기둥　　　　구　　　　　원뿔대

구는 모든 면이 곡면이며, 원뿔, 원기둥, 원뿔대는 옆면만 곡면이다.

곡선 curve

두 점 이상을 연결한 구부러진 선. 원과 포물선을 포함하며 직선도 곡선의 일부분이다.

골드바흐의 추측 Goldbach's conjecture

4 이상의 모든 짝수는 두 소수의 합으로 나타낼 수 있다는 이론. 현재까지도 계속 연구 중인 어려운 증명이다.

예 골드바흐의 추측에 관한 예는 다음과 같다.

$$4 = 2 + 2$$

$$6 = 3 + 3$$
$$8 = 3 + 5$$
$$10 = 3 + 7 = 5 + 5$$
$$12 = 5 + 7$$
$$\vdots$$

곱 product

2개 이상의 수 또는 식을 여러 차례 되짚어 합쳐 얻은 결괏값.

예 5와 6의 곱은 30이다.

이것을 식으로 나타내면 $5 \times 6 = 30$이다. 30이 결괏값인 곱이 된다.

곱셈 multiplication

두 개 이상의 수를 서로 곱하여 구하는 연산법. 곱하기 기호 $\times$를 이용하여 계산한다.

공간벡터 space vector

3차원 공간에서 크기와 힘을 가진 양.

(1) 성분 표시

공간에 존재하는 점 A의 공간좌표가 (a_1, a_2, a_3)이고, 위치벡터가 $\vec{a}$이면 a_1을 x 성분, a_2를 y 성분, a_3를 z 성분으로 부른다. 따라서 $\vec{a} = (a_1, a_2, a_3)$.

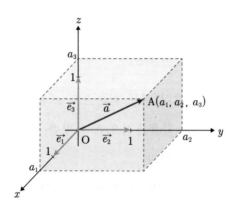

$\vec{a}$의 크기인 $|\vec{a}| = \sqrt{a_1^2 + a_2^2 + a_3^2}$ 이며, $\vec{e_1} = (1,\ 0,\ 0)$, $\vec{e_2} = (0, 1, 0)$, $\vec{e_3} = (0, 0, 1)$일 때 점 A에 대한 위치벡터 $\vec{a}$의 성분 표시는 $\vec{a} = a_1\vec{e_1} + a_2\vec{e_2} + a_3\vec{e_3}$

(2) 공간 벡터 성분 연산

$\vec{a} = (a_1, a_2, a_3),\quad \vec{b} = (b_1, b_2, b_3)$로 정하면,

$\vec{a} \pm \vec{b} = (a_1 \pm b_1, a_2 \pm b_2, a_3 \pm b_3)$

k는 상수일 때, $k\vec{a} = (ka_1, ka_2, ka_3)$

공간좌표 coordinates in space

공간에 기준이 되는 한 점을 정한
후, 가로, 세로, 높이를 x축, y축, z축
으로 나타낸 좌표계.

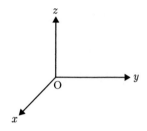

공리적 확률 axiomatic probability

현대 통계학의 기본이 되는 이론으로 표본 공간의 사건과 발
생하는 사건에 대해 확률론적으로 규명한 이론이다. 콜모고로
프의 공리론이라고도 한다.

표본 공간의 확률을 $P(S)$, 발생하는 임의의 사건의 확률을
$P(A)$로 하면 다음의 3가지가 성립한다.

① $0 \leq P(A) \leq 1$

② $P(S) = 1$

③ $A_1, A_2, A_3, \cdots$가 서로 배반사건이면 $P\left(\bigcup_{i=1}^{\infty} A_i\right) = \sum_{i=1}^{\infty} P(A_i)$

공배수 common Multiple

2개 이상의 공통되게 곱하는 수 또는 식

예 **2개의 공통된 수일 때**: 3과 4의 공배수의 개수는 12, 24,

36, … 등 무한하다.

2개의 공통된 식일 때: x와 $x+1$의 공배수의 개수는 $x^2(x+1)$, $x(x+1)^3$, $x(x+2)(x+1)^2$, … 등 무한하다.

공분산 covariance

두 확률변수가 동시에 변하는 정도의 기준으로 X와 Y를 확률변수로 하면, $\mathrm{Cov}(X, Y)$로 표기한다.

$$\mathrm{Cov}(X, Y)=E[(X-E(X))(Y-E(Y))]$$

공약수 common factor

2개 이상의 공통된 수 또는 식.

예 **2개의 공통된 수일 때:** 4와 8의 공약수는 1, 2, 4이다.

2개의 공통된 식일 때: a^2b와 ab^2c의 공약수는 1, a, b, ab 이다.

공역 codomain

공변역의 줄임말이며, 함수 $y=f(x)$에서 y의 전체집합.

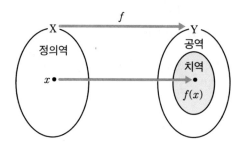

Y에 속하는 집합은 모두 공역이며, 공역 중에서 x에 대응하는 값을 치역이라 한다. 따라서 치역 $\subset$ 공역의 관계이다.

공집합 empty set

원소의 개수가 0인 집합. ϕ로 표시함.

> **예** $\{x \mid x$는 $3 < x < 4$인 자연수$\}$를 풀면 x에 적합한 자연수는 없다는 것을 알 수 있다. 이렇게 원소의 개수를 나타낼 수 없으면 공집합 ϕ로 나타낸다.

공통접선 common tangent

두 개의 원이 공통으로 접하는 직선. 공통내접선과 공통외접선이 있다. 공통내접선은 두 원의 중심을 지나는 직선과 만나는 접선이며, 공통외접선은 두 원의 중심을 지나는 직선과 만나지 않는 접선을 일컫는다.

예 r_1과 r_2는 각각 원의 반지름, d는 두 원의 중심을 잇는 직선의 거리를 말한다.

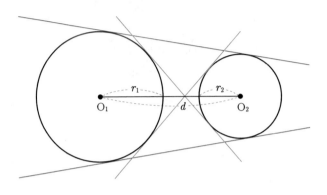

$d > r_1 + r_2$일 때 공통접선은 **4개**이다(공통외접선 2개, 공통 내접선 2개).

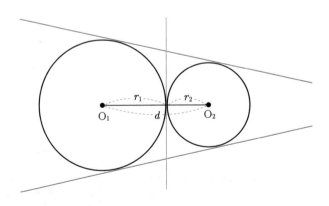

$d = r_1 + r_2$일 때 공통접선은 **3개**이다(공통외접선 2개, 공통

내접선 1개).

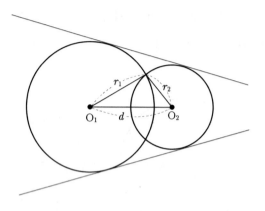

$r_1 - r_2 < d < r_1 + r_2$일 때 공통접선은 2개이다(공통외접선 2개).

$r_1 - r_2 = d$일 때 공통접선은 1개이다(공통외접선 1개).

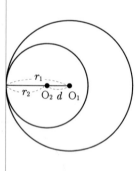

$r_1 - r_2 > d$일 때 공통접선은 없다.

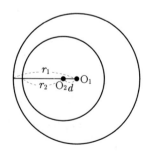

공통현 common chord

두 개의 원이 만났을 때 생기는 2개의 점을 연결한 선분.

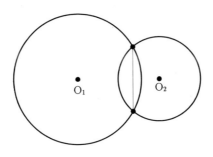

오른쪽 그림처럼 원 3개가 만
날 때, 공통현의 개수는 3이다.

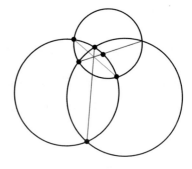

관계 relation

숫자 또는 문자 사이에 영향을 주고받음. 함수식이나 순서쌍,
집합 등으로 나타내는 경우가 많다.

관계식 expression of relation

숫자와 문장을 사용하여 그에 따른 관계를 나타내는 식. 공식
을 나타내기도 한다.

예 아래 대응표처럼 x와 y가 2배의 관계를 가진 정비례 관계이면 함수 $y=2x$로 나타낼 수 있다. 이렇게 함수로 나타낸 식이 관계식이다.

x	1	2	3	4	...
y	2	4	6	8	...

교각 angle of intersection

2개의 직선, 2개의 곡선, 직선과 평면, 평면과 평면끼리 한 점 또는 한 직선에서 만나서 생기는 각.

교각은 다음의 4가지가 있다.

(1) 2개의 직선이 만나서 생기는 교각

2개의 직선이 한 점 P에서 만나서 생기는 각이 교각이다.

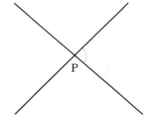

(2) 2개의 곡선이 만나서 생기는 교각

2개의 곡선이 만나는 점 P에서 2개의 접선이 이루는 각이 교각이다.

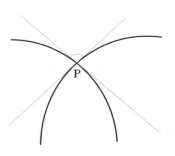

(3) 직선과 평면이 만나서 생기는 교각

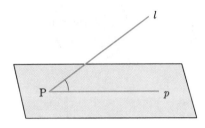

직선 *l*과 평면 P 위에 있는 직선 *p*가 만나서 생기는 교각이다.

(4) 평면과 평면이 만나서 생기는 교각

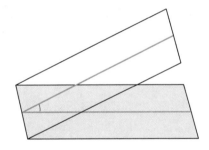

2개의 평면이 서로 만나서 생기는 각이 교각이다.

교선 line of intersection

2개의 면이 서로 만나서 생기는 선.

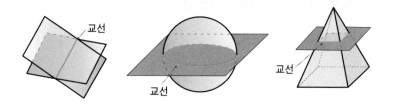

교점 point of intersection

2개의 선 또는 곡선과 직선, 직선과 면이 만나서 생기는 점.

교집합 intersection

2개 이상의 집합에 원소의 일부가 공통으로 속한 집합. 교집합의 기호는 ∩를 사용한다.

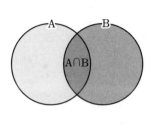

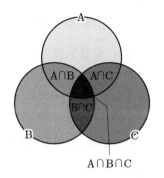

벤 다이어그램이 2개인 경우   벤 다이어그램이 3개인 경우

교환법칙 commutative law

계산 순서에 관계없이 계산 결과가 같아지는 법칙. 실수의 범위에서 덧셈, 곱셈이 교환법칙이 성립하며, 집합에서도 적용된다.

예 덧셈의 교환법칙 $a+b=b+a$

곱셈의 교환법칙 $a \times b=b \times a$

집합의 교환법칙 $A \cap B=B \cap A$

$$A \cup B=B \cup A$$

구 sphere

공간의 한 점에서 일정한 거리에 있는 점의 집합으로 이루어진 입체도형.

구는 다음과 같은 특징이 있다.

① 어느 면을 잘라도 항상 원이다.

　방향을 달리 잘라도 그 단면은 항상 원이다.

② 반지름의 길이 r만 알아도 겉넓이와 부피를 구할 수 있다.

$$S = 4\pi r^2, \quad V = \frac{4}{3}\pi r^3$$

③ 모든 면이 곡면이다. 따라서 평면이 없다.

④ 구의 중심에서 어느 방향의 길이를 재어도 항상 같다.

⑤ 반원을 축의 중심으로 1회전하여 완성되는 입체도형이 구이다.

⑥ 전개도는 없다.

구간 interval

두 실수 사이에 존재하는 실수들이 포함된 집합.

예　두 실수 a, b가 있을 때, $a < b$로 가정하여 다음 수직선 위에 구간을 나타낼 수 있다.

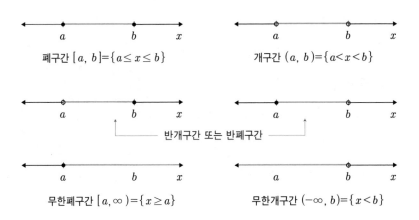

폐구간 $[a, b] = \{a \leq x \leq b\}$

개구간 $(a, b) = \{a < x < b\}$

반개구간 또는 반폐구간

무한폐구간 $[a, \infty) = \{x \geq a\}$

무한개구간 $(-\infty, b) = \{x < b\}$

구간 축소법 bracketing method

무리수의 값을 그 구간에 속한 유리수의 범위를 줄여나가면서 구하는 방법. 계속 구할수록 소수점이 한 자리씩 늘어나는 근삿값이 된다.

예 $\sqrt{2}$ 를 구간 축소법으로 구하는 순서는 다음과 같다.

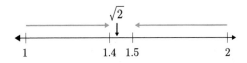

$1 < \sqrt{2} < 2 \quad \rightarrow \quad 1.4 < \sqrt{2} < 1.5 \quad \rightarrow \quad 1.41 < \sqrt{2} < 1.42 \quad \rightarrow$

$1.414 < \sqrt{2} < 1.416 \quad \rightarrow \quad 1.4142 < \sqrt{2} < 1.4143 \quad \rightarrow \cdots$

구면 기하학 spherical geometry

구면 위의 다각형을 다루는 기하학.
평행선이 없으며, 서로 다른 두 직
선은 두 개의 점에서 만나며, 두 대원
이 만나는 각도를 직선의 각도로 한
다. 그리고 구면 위에 삼각형을 그리
면 세 내각의 합은 $180°$ 보다 크다.

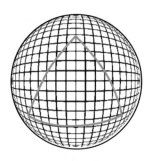

구의 방정식 sphere's equation

구의 중심이 $C(a,\ b,\ c)$이고 반지름의 길이가 r인 구의 방정
식. 구의 방정식을 나타내면 $(x-a)^2+(y-b)^2+(z-c)^2=r^2$
이다.

군수열 group sequence

규칙에 맞게 하기 위해 항을 몇 개씩 묶은 수열.

예제 수열 $\dfrac{1}{1},\ \dfrac{3}{3},\ \dfrac{2}{3},\ \dfrac{1}{3},\ \dfrac{5}{5},\ \dfrac{4}{5},\ \dfrac{3}{5},\ \dfrac{2}{5},\ \dfrac{1}{5},\ \cdots$ 에서 $\dfrac{13}{25}$ 은 몇

번째 항인가?

풀이 $\left(\dfrac{1}{1}\right), \left(\dfrac{3}{3}, \dfrac{2}{3}, \dfrac{1}{3}\right), \left(\dfrac{5}{5}, \dfrac{4}{5}, \dfrac{3}{5}, \dfrac{2}{5}, \dfrac{1}{5}\right), \cdots$

괄호로 군을 묶으면 1, 3, 5, …의 수열을 이룬다는 것을 알 수 있다.

일반항은 $2k-1$이고, 분모가 23인 항까지의 합은 $\displaystyle\sum_{k=1}^{12}(2k-1)$ $=144$이다. 즉, 145번째 항은 $\dfrac{25}{25}$이다. 따라서 $\dfrac{13}{25}$은 $145+12=157$번째 항이다.

귀류법 reduction ad absurdum

명제의 결론을 부정하여 가정이 거짓임을 밝히는 간접 증명의 하나로 원래의 명제가 참인 것으로 증명되는 방법.

귀무가설 null hypothesis

참일 확률이 희박해 기각을 예상하여 세운 가설. H_0로 표기한다. 귀무가설을 기각하면 통계적으로 유의하게 되어 대립가설을 채택한다. 귀무가설과 대립가설은 상반관계이다.

균일 분포 uniform distribution

확률변수를 갖는 범위 내에서, 어떤 값을 갖는 확률이 모두 동일한 분포. 균등 분포 혹은 일양 분포라고도 한다.

균일분포의 확률밀도함수는 $a \leq x \leq b$의 범위 내에서 다음과 같다.

$$f(x) = \begin{cases} \dfrac{1}{b-a} & (a \leq x \leq b) \\ 0 & (x < a, \ x > b) \end{cases}$$

그래프 graph

눈으로 쉽고 편리하게 이해하도록 수학 기호와 그림으로 나타낸 도형. 함수의 그래프는 대체적으로 수학 풀이를 위해 많이 이용되는 편이다.

그래프의 종류는 기준에 따라 다양하다. 다음은 그 예를 간략하게 나타낸 것이다.

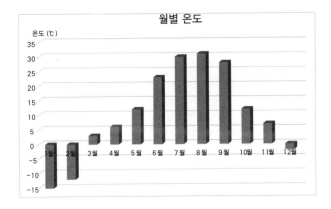

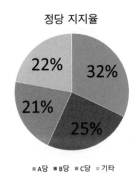

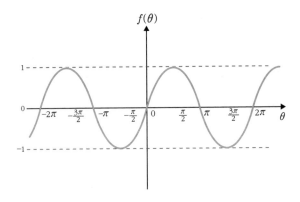

극한값 limit

어떤 수가 무한하게 커져서 일정한 값에 가까워지는 값. 극한
이라고도 한다.

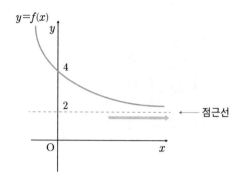

함수 $f(x)$의 그래프의 x값이 계속 오른쪽으로 증가해도 점근선의 값 2에 무한히 가까워진다.

(1) 지수함수의 극한값

$a > 1$일 때, $\displaystyle\lim_{x \to \infty} a^x = \infty$, $\displaystyle\lim_{x \to -\infty} a^x = 0$

$0 < a < 1$일 때, $\displaystyle\lim_{x \to \infty} a^x = 0$, $\displaystyle\lim_{x \to -\infty} a^x = \infty$

$\displaystyle\lim_{x \to 0} \frac{e^x - 1}{x} = 1$

$\displaystyle\lim_{x \to 0} \frac{a^x - 1}{x} = \ln a$

(2) 로그함수의 극한값

$a > 1$일 때, $\displaystyle\lim_{x \to +0} \log_a x = -\infty$, $\displaystyle\lim_{x \to \infty} \log_a x = \infty$

$$0 < a < 1 \text{일 때}, \ \lim_{x \to +0} \log_a x = \infty, \ \lim_{x \to \infty} \log_a x = -\infty$$

$$\lim_{x \to 0} \frac{\log_a(1+x)}{x} = \frac{1}{\ln a}$$

$$\lim_{x \to 0} \frac{\ln(1+x)}{x} = 1$$

(3) 삼각함수의 극한값

$$\lim_{x \to 0} \frac{\sin x}{x} = 1$$

$$\lim_{x \to 0} \frac{\cos x}{x} = \text{극한값이 존재하지 않는다}$$
(→ 좌극한값은 −∞이지만 우극한값은 ∞이다).

$$\lim_{x \to 0} \frac{\tan x}{x} = 1$$

근 root

방정식이 참이 되는 미지수의 값. 일반적으로 x 또는 y를 많이 사용한다. '해'로도 부른다.

> 예   일차방정식 $x-4=0$를 성립하게 하는 x는 4이다. 여기서 4가 근이다.
>
> 이차방정식 $x^2-4=0$을 만족하는 x는 ±2이다. 마찬가지로 ±2가 근이다.

근삿값 approximate value

참값에 가까운 비슷한 값.

예 어떤 아이의 키를 전자 측정기로 측정해 121.45cm로 정확한 값이 나오면 참값, 121cm라고 하면 근삿값이다. 근삿값은 어림잡은 값이라 생각하면 된다. 그리고 아이의 키는 이 두 값 사이에서 0.45cm의 차이가 나는데, 이것이 오차이다.

근의 공식 quadratic formula

2차방정식의 근을 구하는 공식. 3차방정식과 4차방정식도 근의 공식이 있으나 각각 다르다.

5차 방정식부터는 근의 공식이 없다. 방정식을 풀이할 때 인수분해, 완전제곱식, 조립제법과 함께 많이 사용하는 방법 중 하나이다.

이차방정식의 근의 공식은 다음과 같다.

$a \neq 0$일 때 $ax^2 + bx + c = 0$에서 근은

$$x = \frac{-b \pm \sqrt{b^2 - 4ac}}{2a}$$

근호 radical sign

거듭제곱근을 표시하는 기호. 거듭제곱근 또는 루트라고 읽는다. 기호로는 $\sqrt{}$ 로 표시하며, $\sqrt{2}$ 는 '루트 2'로 읽으며, 밑과 지수로 나타내면 $2^{\frac{1}{2}}$이다.

기본 벡터 fundamental vector

좌표평면이나 공간좌표에서 좌표축의 양의 방향으로 향하는 단위 벡터로 $\vec{e_1}$, $\vec{e_2}$, $\vec{e_3}$ 등으로 나타내며 크기는 1이다.

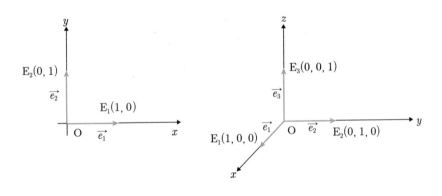

기수법 numeration system

추상적인 숫자를 구체적으로 나타내는 방법. 요즘은 인도-아라비아 숫자를 사용하여 수를 적는 방법이 편리하다. 컴퓨터는

2진법이나 16진법을 사용한다.

예 $2518 = 2 \times 10^3 + 5 \times 10^2 + 1 \times 10 + 8 \times 10^0$

십진법으로 사용하여 2518의 2는 1000에 해당하는 숫자임을, 5는 100에 해당하는 숫자임을, 1은 10에 해당하는 숫자임을, 8은 10^0인 1에 해당하는 숫자임을 알 수 있다. 이러한 기수법을 위치 기수법이라 하며 가장 많이 쓰인다.

기약분수 irreducible fraction

분모와 분자가 더 이상 약분이 되지 않는 분수.

예 $\frac{1}{3}$, $\frac{4}{5}$, $\frac{8}{27}$ 처럼 더 이상 분모와 분자가 약분이 되지 않는 분수가 기약분수이다. 분모와 분자의 공약수가 1뿐인 것도 알 수 있다.

기울기 slope

수평에 대해 기울어진 정도. 좌표평면에서는 일차함수의 기울어진 정도이다.

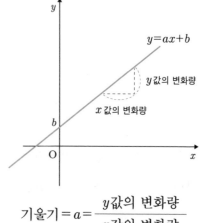

$$기울기 = a = \frac{y값의\ 변화량}{x값의\ 변화량}$$

또한 다음처럼 기울기를 나타낼 수 있다.

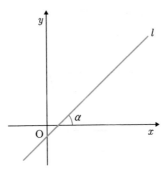

기울기$=\tan\alpha$

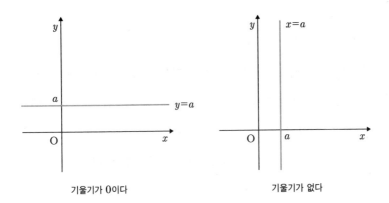

기울기가 0이다   기울기가 없다

기하평균 geometric mean

자료값을 모두 곱하여 그 수만큼 제곱근화한 평균을 구하는 방법. n개 자료가 있을 때 기하평균은 자료값들을 곱한 n제곱근이 된다. a, b, c의 기하평균은 $\sqrt[3]{abc}$ 이다.

길이 ^{length}

한 끝에서 다른 한 끝까지의 평면적 또는 공간적 거리.

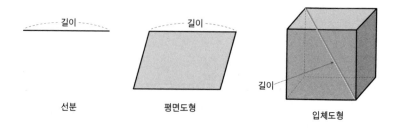

선분   평면도형   입체도형

꺾은선 그래프 broken line graph

가로눈금과 세로눈금이 만나는 점을 정한 후 점끼리 서로 연결한 그래프. 그래프의 변화를 한눈에 볼 수 있으며 예측이 가능한 경우도 있다.

다음 꺾은선 그래프로 온도의 변화를 알 수 있다.

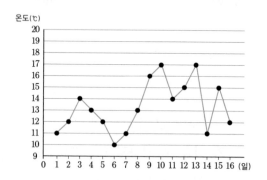

꼬인 위치 skew position

서로 다른 2개 이상의 직선이 만나지도 평행하지도 않는 관계. 아래 그림에서 평면 안의 직선 m과 평면에 있지 않은 직선 l은 서로 꼬인 위치이다.

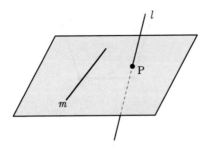

오른쪽 그림에서 정육면체의 한 모서리이자 직선인 l은 색칠된 직선 4개와 꼬인 위치 관계이다.

꼭지각 vertex angle

이등변삼각형에서 합동인 두 변이 이루는 각.

꼭지각

꼭짓점 vertex

2개 이상의 변 또는 면이 만나서 이루는 점. 그래프에서 특정한 위치를 꼭짓점으로 정하기도 한다.

예

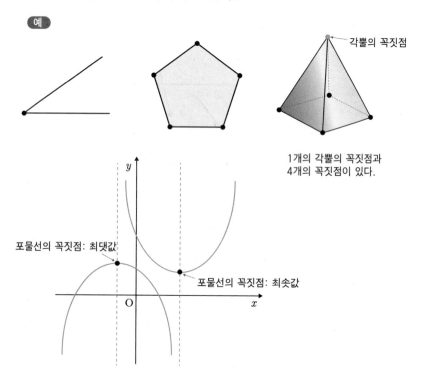

각뿔의 꼭짓점

1개의 각뿔의 꼭짓점과
4개의 꼭짓점이 있다.

포물선의 꼭짓점: 최댓값

포물선의 꼭짓점: 최솟값

끼인각 included angle

삼각형에서 두 변 사이에 끼어 있는 각. 협각이라고도 한다.
삼각형 ABC에서 $\overline{AB}$와

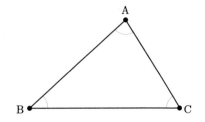

$\overline{BC}$사이에 있는 ∠ABC는 끼인각이다. 이와 마찬가지로 하면 ∠ACB와 ∠BAC도 각각 끼인각이다.

끼인변 included side

삼각형에서 두 각 사이에 끼어 있는 변.

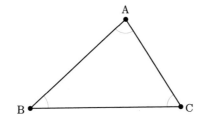

삼각형 ABC에서 ∠BAC와 ∠ABC 사이에 있는 변 $\overline{AB}$가 끼인변이다. 이와 마찬가지로 하면 $\overline{AC}$, $\overline{BC}$도 각각 끼인변이다.

나눗셈 division

피제수를 제수로 나누는 셈법. 나눗셈에는 숫자만 나누는 것도 있지만 식을 나누는 경우도 있다.

예 $2 \div 3 = \dfrac{2}{3}$

위의 식에서 2는 피제수, 3은 제수이다. 그리고 $\dfrac{2}{3}$는 나눗셈을 한 결괏값이 된다.

$$(x + 2) \div (x^2 + 3) = \frac{x + 2}{x^2 + 3}$$

위의 식도 일차식에서 이차식을 나누어 나눗셈을 한 결괏값처럼 나타낼 수 있다.

나머지 ^{remainder}

피제수를 제수로 나눈 몫에서 나누어떨어지지 않고 남은 수.

예 11÷2=5…1에서 11은 피제수, 2는 제수, 5는 몫이다.
그리고 1은 나머지가 된다.

$(x^2+1) \div (x+3) = (x-3) \cdots 10$에서 x^2+1은 피제
수, $x+3$은 제수, $x-3$은 몫이다. 그리고 나머지는 10이다.

나비효과 ^{butterfly effect}

미세한 초기 변화나 요인이 큰 혼란을 초래할 수 있다는 수학
이론. 1963년 기상학자 에드워드 노턴 로렌츠^{Edward Norton Lorenz,}
^{1917~2008}가 나비 한 마리가 어딘가에서 날개를 퍼덕이면 수 천
킬로미터 떨어진 곳에서 허리케인을 일으킬 수 있다는 기상예
측에 관한 논문을 발표했다.

초기 조건의 민감도를 나타내는 카오스 이론에 의해 나비효과
는 발생하며, 나비효과는 카오스 이론에 대한 하나의 증명 사례
로 본다.

카오스 이론의 초기 조건의 미세한 발견과 주기성, 혼합성 발
견을 미리 인지한다면 나비효과라는 결과에 대해 어느 정도 예
측과 대책을 세울 수 있다.

따라서 나비효과 ⊂ 카오스 이론의 관계가 형성된다.

내각 internal angle

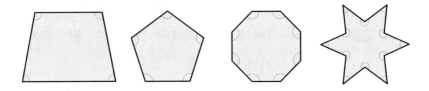

다각형에서 이웃한 두 변이 안쪽으로 이루는 각. 도형에서 안쪽에 있는 각은 모두 내각이다.

예 n각형의 내각의 합 공식$=180° \times (n-2)$

정 n각형의 한 내각 구하는 공식$= \dfrac{180° \times (n-2)}{n}$

내대각 interior opposite angle

삼각형에서 한 외각에 대해 이웃하지 않은 두 내각을 내대각이라 한다. 사각형에서는 한 외각에 이웃하는 내각에 대해 마주보는 각이다.

예

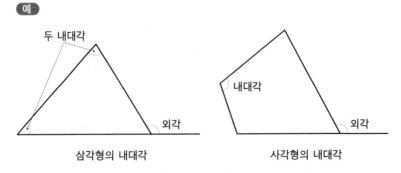

| 삼각형의 내대각 | 사각형의 내대각 |

사각형에서 한 외각의 크기
가 내대각의 크기와 같으면 원
에 내접한다.

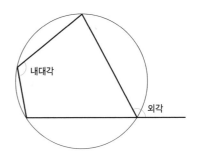

내림차순 descending power

다항식을 차수가 높은 것부터 낮은 것으로 차례로 나열하는
것. 강멱순이라고도 한다.

> **예** $7x^8+4x^6+3x^5+x^4+2x^3+2x^2-4x+1 \rightarrow$ x의 차수에 따
> 라 높은 것부터 낮은 것으로 차례로 나열한 것이다.

내분점 internally dividing point

선분의 내부를 일정한 비로 나누는 점. 아래 그림처럼 $\overline{AB}$를
나누는 점 P를 말한다. 점 A를 (x_1, y_1), 점 B를 (x_2, y_2)로 하면

내분점 P 좌표를 구하는 공식은 다음과 같다.

$$\left(\frac{mx_2 + nx_1}{m+n}, \ \frac{my_2 + ny_1}{m+n} \right)$$

삼각형에서 내각의 이등분
선의 교점. 오른쪽 그림처럼
내심을 I로 표시한다.

오른쪽 아래 그림처럼 내
심 I에서 삼각형의 각 변에 수
직으로 그은 변의 길이는 모두
같다. 그리고 내접원을 그릴 수
있다.

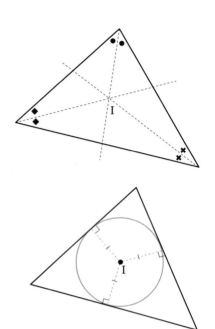

도형의 안쪽에 다른 도형이 접해 있는 것.

정오각형에 사각형이 내접

원 안에 육각형이 내접

삼각뿔 안에 구가 내접

앞의 그림에서 사각형과 육각형을 내접다각형^{inscribed polygon}이
라 한다.

내접원 inscribed circle

다각형 또는 원 안에 접한 원.

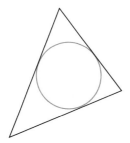
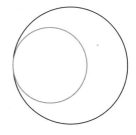

내항 means

비례식에서 등호 쪽에 가까이 있는 두 항.

$$a : b = c : d$$

외항

내항

넓이 ^{area}

도형의 내부 공간의 크기를 계산하여 나타낸 물리량. 면적이라고도 한다.

넓이가 일정한 모양이 아닌 곡선으로 불규칙하게 둘러싸인 도형은 적분법으로 계산하기도 한다. 넓이에 대한 기호는 S 또는 A가 많이 쓰인다.

예 **도형의 넓이 구하는 공식**

	공식
	한 변의 길이가 a인 정삼각형의 넓이 $= \dfrac{\sqrt{3}}{4}a^2$
	세 변이 각각 a, b, c인 부등변 삼각형의 넓이(헤론의 공식)$= \sqrt{s(s-a)(s-b)(s-c)}$, 여기서 $s = \dfrac{1}{2}(a+b+c)$
	한 변의 길이가 a인 정사각형의 넓이$=a^2$
	한 변의 길이가 a인 정오각형의 넓이 $= \dfrac{a^2}{4}\sqrt{25+10\sqrt{5}}$

	반지름의 길이가 r인 원의 넓이 $=\pi r^2$
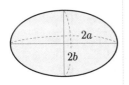	장축과 단축이 각각 $2a$, $2b$인 타원의 넓이 $=\pi ab$
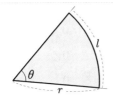	반지름의 길이가 r, 중심각의 크기가 θ, 호의 길이가 l인 부채꼴의 넓이 $=\dfrac{1}{2}r^2\theta=\dfrac{1}{2}rl$

네이피어의 막대 Napier rods

스코틀랜드의 수학자인 네이피어John Napier, 1550~1617가 17세기 초에 제작한 곱셈을 위한 수동형 계산기. 1부터 9까지의 한 자릿수의 배수가 쓰인 막대로 곱셈을 계산할 수 있다. 곱셈의 연산값을 빠르게 알 수 있으며, 계산

기의 토대가 되었다.

예 214×5를 네이피어의 막대로 계산해 보자.

① 앞의 세 자릿수 2, 1, 4의 배수가 적힌 막대를 놓는다.

② 뒤의 한 자릿수인 5는 5번째 줄을 찾으면 된다.

③ 따라서 숫자는 1, 0, 0, 5, 2, 0의 6개가 있는데, 첫 번째 숫자는 그대로 1로 적고, 2, 3번째 숫자 0과 0을 더하면 0, 4, 5번째 숫자 5와 2를 더하면 7, 마지막 0은 그대로 두고 네 자릿수라 생각하고 그 숫자들을 차례대로 나열한다.

따라서 214×5=1070

2	1	4
0/2	0/1	0/4
0/4	0/2	0/8
0/6	0/3	1/2
0/8	0/4	1/6
1/0	0/5	2/0
1/2	0/6	2/4
1/4	0/7	2/8
1/6	0/8	3/2
1/8	0/9	3/6

농도 concentration

용액에 녹아 있는 용질의 양을 퍼센트(%)로 나타낸 것.

(1) 농도 구하는 공식 $= \dfrac{\text{용질의 양(g)}}{\text{용액의 양(g)}} \times 100(\%)$

(2) **용질의 양 구하는 공식** $= \dfrac{농도}{100} \times (용액의 양).$

예 설탕물 100g 중에 녹아 있는 설탕의 양이 17g일 때

$$농도 = \dfrac{17}{100} \times 100 = 17(\%)$$

농도가 9%인 소금물 500g에 녹아 있는

$$소금의 양 = \dfrac{9}{100} \times 500 = 45(g)$$

높이 altitude/ height

도형의 밑면이나 밑변의 한 점에서 꼭짓점까지 수직으로 그은 거리.

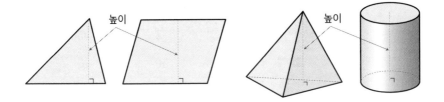

누적도수 cumulative frequency

자료를 계급별로 분류한 후, 각 계급에 해당하는 도수를 처음 부터 차례로 더하여 나타낸 값.

처음 도수와 처음 누적도수는 같다. 나중 계급의 누적도수로 합계를 알 수 있다.

예 어떤 작은 마을에 있는 거주자들의 키를 조사한 도수분포표에서 누적도수를 기입하여 만든 누적도수분포표는 다음과 같다. 도수분포표의 계급과 도수를 기재한 후, 누적도수를 추가로 구하여 기재하면 누적도수분포표가 된다.

계 급(단위 cm)	도수(명)	누적 도수(명)
120(이상)~130(미만)	2	2
130(이상)~140(미만)	3	5
140(이상)~150(미만)	15	20
150(이상)~160(미만)	17	37
160(이상)~170(미만)	9	46
170(이상)~180(미만)	4	50
합 계	50	

누적도수분포다각형 cumulative frequency distribution polygon

누적도수 분포를 그래프로 나타낸 것. 보통 긴 S자 모양이며, 꺾은선 그래프이다.

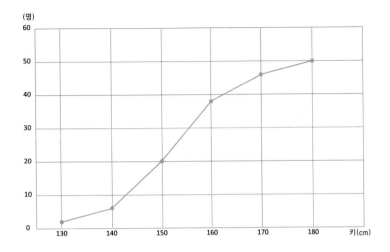

(명)

뉴턴 Isaac Newton, 1642~1727

17세기의 과학자로 만유인력의 법칙(중력법칙)으로 유명하다.
과학 법칙을 설명하기 위해 미분을 연구해 발전시켰다. 관성의
법칙, 힘과 가속도의 법칙, 작용－반작용의 법칙 외에도 행성의
운동에 대해 수학 공식을 정형화하여 공식을 만들기도 했다.

다각형 polygons

3개 이상의 변으로 둘러싸인 평면도형.

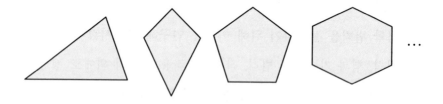

...

다면체 polyhedron

다각형으로 둘러싸인 입체도형.

정사면체

칠면체

정십이면체

정이십면체

다항식 polynomial

항이 2개 이상인 식. 식이 덧셈과 뺄셈으로 연결되어 있는데, 이것은 항과 항 사이를 구분 짓는다.

예 $2x+1,\ 3x^2+2x+6,\ -\dfrac{1}{2}x^5-x+10$

다항함수의 미분법 polynomiall differential method

$f(x)=x^n$이면 이를 미분하면 $f'(x)=nx^{n-1}$이 된다. 복잡한 다항함수는 이 정의를 기본으로 삼아 풀 수 있다. 또한 다음과 같은 다항함수의 미분법에 관한 공식이 있다.

$\{f(x)\pm g(x)\}'=f'(x)\pm g'(x)$ (복호동순)

c가 상수이면 $\{cf(x)\}'=cf'(x)$

$\{f(x)g(x)\}'=f'(x)g(x)+f(x)g'(x)$

예 다항함수 $y=(7x-4)(x^4-1)$을 미분하면 다음과 같다.

풀이 $y' = (7x-4)'\,(x^4-1) + (7x-4)(x^4-1)'$

$\quad\quad = 7(x^4-1) + (7x-4) \times 4x^3$

$\quad\quad = 7x^4 - 7 + 28x^4 - 16x^3$

$\quad\quad = 35x^4 - 16x^3 - 7$

단리 simple interest

예금에 대해 이자만 붙여 계산하는 방법. 원금을 a, 이자율을 r, 예금 기간을 n이라고 했을 때 이자 계산은 $a(1+rn)$이다.

예제 100만 원을 연 2.4%의 이자율로 2년 동안 단리로 예금을 했을 때, 예금 이자는 얼마인가?

풀이 $a \times (1+rn) = 1,000,000(원) \times (1+0.024 \times 2)$

$\quad\quad\quad\quad\quad = 1,048,000(원)$

예금 이자 $= 1,048,000(원) - 1,000,000(원)$

$\quad\quad\quad\quad = 48,000(원)$

단면 slice of a solid

입체도형을 평면으로 곧게 잘랐을 때 생기는 도형의 면.

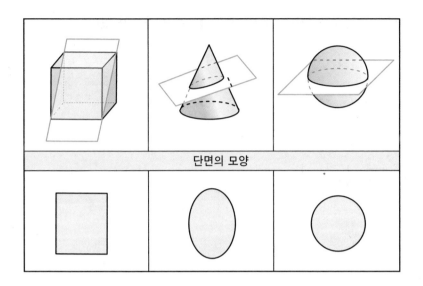

| 단면의 모양 | | |

단순사건 ^{simple events}

단순사건 ^{simple events}

실험을 통해 얻을 수 있는 하나의 집합. 근원사건^{elementary event}
이라고도 한다.

> **예** 동전을 한 번 던졌을 때의 단순사건={앞면}, {뒷면}
>
> 주사위를 한 번 던졌을 때의 단순사건={1}, {2}, {3}, {4},
> {5}, {6}

단위 ^{unit}

단위 ^{unit}

물리량의 기준이 되는 척도. 단위의 종류로는 시간, 길이, 질량, 압력, 부피, 거리, 전류, 광도 등 여러 가지가 있다.

단위분수 unit fraction

분수에서 분자가 1인 분수.

예 $\dfrac{1}{2}, \dfrac{1}{5}, \dfrac{1}{11}$

단항식 monomial

항이 1개인 식.

예 $2x, \ -3x^3y^2, \ -5x^2yz^7$

달랑베르 Jean Le Rond D'Alembert, 1717~1783

프랑스의 수학자이자 물리학자, 천문학자. 달랑베르 연산자와 코시-리만 방정식, 대수학의 기본정리, 달랑베르의 판정법으로 유명하다. 역학 분야와 해석학, 미적분학에도 많은 업적을 남겼다.

달랑베르의 판정법 D'Alembert's test

양향급수의 수렴과 발산을 판정하는 방법. 다음으로 정의
한다.

양향급수 $\displaystyle\sum_{n=1}^{\infty} a_n = a_1 + a_2 + a_3 + \cdots$ 에서 $\displaystyle\lim_{n \to \infty} \frac{a_{n+1}}{a_n} = \rho$ 이면, 급
수는 $\rho > 1$ 이면 수렴하고, $\rho < 1$ 이면 발산한다.

닮음 similarity

모양은 같지만 크기가 서로 다른 두 개 이상의 도형. 모든 변
의 길이가 일정한 비를 가진다. 닮음의 기호는 similarity의 약
자를 눕혀서 ∽를 사용한다.

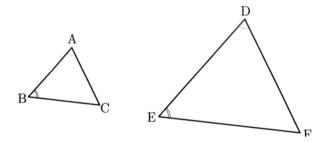

$\triangle ABC$와 $\triangle DEF$는 두 각의 크기가 같으므로 AA닮음이다.
$\triangle ABC \backsim \triangle DEF$

닮음비 ratio of similitude

두 개 이상의 도형이 닮음일 때 대응하는 선분의 비.

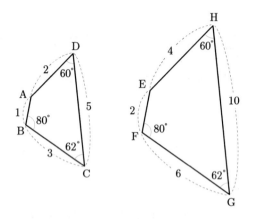

□ABCD∽□EFGH이며, 닮음비는 1:2이다.

닮음의 위치 Position of similarity

두 개 이상의 도형이 대응점을 서로 연결한 선분이나 그 연장선이 하나의 점에서 만나는 상태.

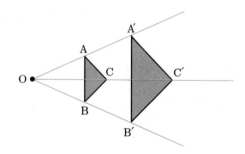

닮음의 중심 the center of similarity

닮음의 위치에서 원점 O.

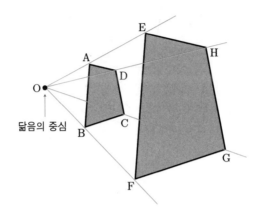

대각 opposite angle

평면도형에서 변 또는 각과 마주 보는 각.

예

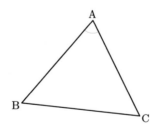

$\overline{BC}$와 마주 보는 각은 ∠A이며, 대각이 된다.

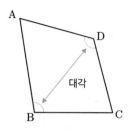

□ABCD에서 ∠B의 대각은 ∠D이다. ∠A의 대각은 ∠C이다.

대각선 diagonal line

다각형에서는 마주 보는 두 각의 꼭짓점을 이은 선분, 다면체에서는 같은 평면 위에 있지 않은 꼭짓점을 연결한 선분을 의미한다.

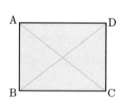
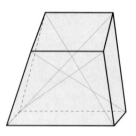

다각형의 대각선의 개수

다각형의 꼭짓점의 개수를 n으로 할 때(변의 수를 n으로도 가능) 한 꼭짓점에서 그을 수 있는 대각선의 개수는 $(n-3)$개이다.

삼각형은 한 꼭짓점에서 그을 수 있는 대각선이 없다. 따라서 사각형부터 1개, 오각형 2개…의 규칙으로 한 개씩 늘어난다. 대각선의 개수는 $\dfrac{n(n-3)}{2}$ 을 이용하여 구할 수 있다.

0개   2개   5개   9개   14개

대각선의 개수

대각행렬 diagonal matrix

좌측 위부터 우측 아래로 배치된 주대각 원소들이 0이 아닌 정사각행렬.

$$\begin{pmatrix} a_{11} & 0 & 0 \\ 0 & a_{22} & 0 \\ 0 & 0 & a_{33} \end{pmatrix}$$

3×3 정사각행렬의
대각행렬

대괄호 square brackets

수학식을 계산할 때 가장 나중에 계산하는 괄호. 소괄호, 중괄호 순으로 계산한 후 나중에 푸는 괄호이다. [ ]를 사용한다.

예 $[\{(2+4)\times 6\}-7]$

대립가설 alternative hypothesis

귀무가설을 기각하면 채택하게 되는 가설. 새롭게 검증하고자 하는 가설이다. H_1으로 나타낸다.

대변 opposite side

다각형에서 한 각이나 한 변에 마주 보는 변.

∠A와 마주 보는 변인 $\overline{BC}$는 대변이다.

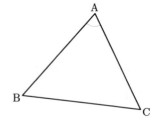

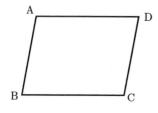

평행사변형 ABCD에서 $\overline{AD}$의 대변은 $\overline{BC}$이며, $\overline{AB}$의 대변은 $\overline{DC}$이다. 대변은 마주 보는 변이라는 개념이며, 반드시 평행하지 않아도 된다.

대분수 mixed fraction

자연수와 진분수로 구성된 분수.

예 $\dfrac{13}{7} = 1 + \dfrac{6}{7} = 1\dfrac{6}{7}$

가분수＝자연수＋진분수＝대분수

가분수를 대분수로 나타내면 자연수 어떤 수보다 커서 그 수를 어림할 수 있다. $\dfrac{13}{7}$은 어떤 자연수에 가까울지 금방 알 수 없지만 $1\dfrac{6}{7}$으로 바꾸면 1보다 크고 2보다 작은 수임을 알 수 있다.

대수식 algebraic expression

문자와 숫자를 실수의 범위 내에서 사칙연산을 이용하여 나타낸 식.

예 $1 + 2,\ 2ab,\ \dfrac{1}{3}x^2y - 7,\ \sqrt{x^2 - y^2} + xy,\ -\dfrac{d}{c} + cd^3$

대우 contraposition

$p \rightarrow q$일 때 가정과 결론을 서로 바꾸어 부정하여 $\sim q \rightarrow \sim p$로 바꾼 문장.

명제가 참이면 대우도 참이다.

예 10의 배수이면 5의 배수이다. (○)→명제가 참

5의 배수가 아니면 10의 배수가 아니다.(○)→대우도 참

대응 correspondence

(1) 합동인 두 개의 도형이 서로 각, 꼭짓점, 변이 짝이 맞는 것.

(2) 함수에서 x의 원소가 y의 원소에 짝지어지는 것.

예 (1)의 대응

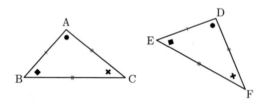

위의 두 삼각형을 합동으로 가정하면, ∠A와 ∠D, ∠B와 ∠E, ∠C와 ∠F는 대응각이다. 그리고 점 A와 점 D, 점 B와 점 E, 점 C와 점 F는 대응점이다. $\overline{AB}$와 $\overline{DE}$, $\overline{BC}$와 $\overline{EF}$, $\overline{AC}$와 $\overline{DF}$는 대응변이다.

(2)의 대응

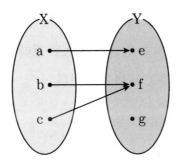

X의 원소 a는 Y의 원소 e에 대응한다. X의 원소 b와 c는 Y의 원소 f에 대응한다. Y의 원소 g에 대응하는 X의 원소는 없다.

대입 substitution

식이 포함된 문자에 숫자를 넣는 것.

> **예** 500원짜리 지우개 x개와 1000원짜리 볼펜 2자루를 식으로 세우면 $500x + 1000 \times 2 = 500x + 2000$(원). 여기서 지우개의 개수가 3개라면 x 대신 3을 대입하여 $500 \times 3 + 2000 = 3500$(원)이다.

대입법 method of substitution

가감법, 등치법과 함께 연립방정식의 풀이에 많이 쓰이는 방법으로, 하나의 미지수에 관한 식으로 정리하여 다른 하나의 방정식에 대입하여 푸는 방법을 말한다.

예
$$\begin{cases} 2x + 3y = 6 & \cdots ① \\ x + 4y = 8 & \cdots ② \end{cases}$$

위의 연립방정식을 풀기 위해 ②의 식에서 x를 y에 관한 식으로 나타내면,

$x = -4y + 8 \quad \cdots ③$

$2x + 3y = 6 \quad \cdots ①$

③의 식을 ①의 식에 대입하면

$2(-4y + 8) + 3y = 6$

좌변을 전개하면

$-8y + 16 + 3y = 6$

이항하면

$-5y = -10$

양변을 -5로 나누면

$y = 2$

$y = 2$를 ① 또는 ②식에 대입하면 $x = 0$

$\therefore x = 0, \ y = 2$

대칭 symmetry

도형을 반으로 접거나 나누면 좌우대칭 또는 자기 닮음이 되
는 현상.

예 대칭에는 선대칭, 점대칭, 면대칭이 있다.

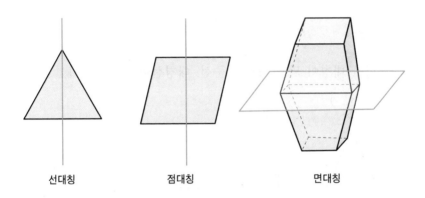

| 선대칭 | 점대칭 | 면대칭 |

대칭의 중심 center of symmetry

점이나 도형을 점대칭 시키는 하나의 초점.

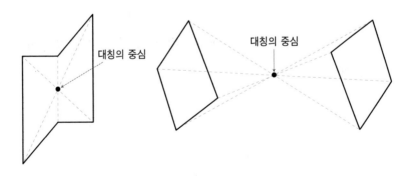

대칭의 중심   대칭의 중심

대칭이동 symmetric of transposition

도형을 점, 선, 면을 중심으로 대칭으로 옮긴 것. 대칭 이동에 는 점대칭 이동, 선대칭 이동, 면대칭 이동이 있다.

대칭축 axis of symmetry

도형을 대칭이 되게 하는 기준선. 대칭선이라고도 한다.

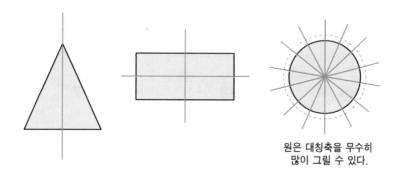

원은 대칭축을 무수히
많이 그릴 수 있다.

대푯값 representative value

자료의 특성을 수치로 나타낸 것. 평균, 중앙값, 최빈값을 주 로 사용한다.

덧셈 addition

수 또는 식을 더하는 셈법. 사칙연산 중 가장 기본이다. 기호로는 +를 사용한다. 1489년 독일의 비트먼의 저서에서 덧셈 기호가 처음 사용되었다.

예 $3+4$, $x+3$, x^2+2x+5

도수 frequency

자료 또는 도수분포표에서 각 계급에 나타내는 자료의 개수.

예 어느 학급의 전체 인원이 40명일 때, 계급이 독서 시간이고, 도수가 학생 수이면 도수는 아래 도수분포표처럼 계급에 따른 학생 수로 나타낼 수 있다.

계급(독서 시간)	도수(명)
0시간(이상) ~ 1시간(미만)	8
1시간(이상) ~ 2시간(미만)	10
2시간(이상) ~ 3시간(미만)	12
3시간(이상) ~ 4시간(미만)	7
4시간(이상) ~	3
합 계	40

도수분포다각형 frequency distribution polygon

히스토그램에서 직사각형의 윗변 중간의 꼭짓점을 서로 연결
하여 그래프로 나타낸 도형.

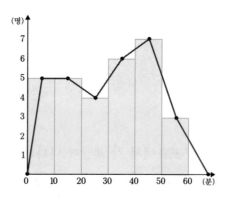

도수분포표 frequency distribution table

도수의 분포를 표로 나타낸 것. 계급과 도수를 먼저 구하여 작
성한다.

도함수 derived function

함수 $y=f(x)$에서 어떤 점에서의 접선의 기울기. $y=f(x)$의
도함수를 구하면 $f'(x)$가 된다.

$$f'(x) = \lim_{\Delta x \to 0} \frac{\Delta y}{\Delta x} = \lim_{\Delta x \to 0} \frac{f(x + \Delta x) - f(x)}{\Delta x} = \lim_{h \to 0} \frac{f(x + h) - f(x)}{h}$$

도함수를 표기하여 나타낼 때 $f'(x)$ 외에도 $\dfrac{d}{dx}f(x),\ \dfrac{dy}{dx}$ 로 나타내기도 한다.

독립변수 independent variable

종속변수의 값을 결정하는 원인 변수.

예

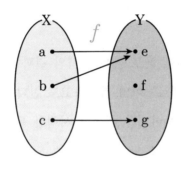

위의 그림에서 a와 b는 f에 의해 e가 되었으므로 독립변수이다. 그리고 e는 종속변수이다. 이처럼 원인이면 독립변수, 결과이면 종속변수가 된다.

독립사건 independent events

두 개의 사건 A, B가 서로 발생해도 A와 B의 확률에는 아무런 영향을 주지 않는 사건.

P(A∩B)=P(A)P(B)이며 조건부 확률을 사용하면 P(A|B)=P(A) 또는 P(B|A)=P(B)이다. 반대로 두 개의 사건 A, B가 서로 발생하여 영향을 주는 확률의 관계로 P(A|B)≠P(A) 또는 P(B|A)≠P(B)이면 종속사건이다.

독립 시행의 정리 theorem of independent trial

시행을 여러 차례 해도 다른 시행의 결과에 아무 영향을 주지 않는다는 이론. 베르누이의 정리라고도 한다.

사건의 발생 확률이 p일 때 n회 시행한 독립 시행에서 사건이 r번 일어날 때의 확률은 $r=0, 1, 2, 3, 4, \cdots, n$일 때 $_nC_rp^r(1-p)^{n-r}$ 이다.

예제 한 개의 주사위를 5번 던질 때 4의 약수의 눈이 2번 나올 확률을 구하여라.

풀이 4의 약수의 눈은 1, 2, 4의 3개이다. 따라서 주사위를 한 번 던지면 $\frac{1}{2}$의 확률로 나온다. 여기서 주사위를 5번 던지면 $n=5$이고, 2번 발생에 대해서는 $r=2$, $p=\frac{1}{2}$이다.

$$_nC_rp^r(1-p)^{n-r} = {}_5C_2\left(\frac{1}{2}\right)^2\left(1-\frac{1}{2}\right)^{5-2} = 10 \times \frac{1}{4} \times \frac{1}{8} = \frac{5}{16}$$

동류항 like terms

변수와 차수가 동일한 2개 이상의 항.

예 다항식 $3x^2+2xy-6x^2+\dfrac{3}{2}xy-50+6$에서 $3x^2$과 $-6x^2$, $2xy$와 $\dfrac{3}{2}xy$, -50과 6은 동류항이다.

동위각 corresponding angle

2개의 직선이 하나의 직선과 만났을 때, 같은 방향이지만 위치가 다른 각.

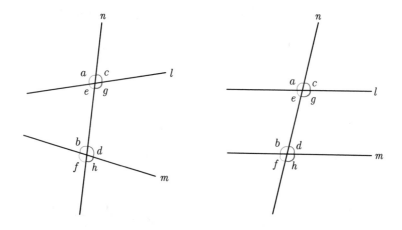

왼쪽 그림에서 직선 l과 m은 평행하지 않으며 직선 n과 만난다. 이때 $\angle a$와 $\angle b$, $\angle c$와 $\angle d$, $\angle e$와 $\angle f$, $\angle g$와 $\angle h$는 동위각이다. 그리고 오른쪽 그림은 직선 l과 m이 평행하며 동위각의 크기가 각각 같다.

동치 equivalence

어떤 조건에서 2개 이상의 숫자, 분수, 집합, 명제, 도형, 벡터 등이 같은 것.

동치분수 equivalent fraction

분모와 분자의 크기가 다르지만 크기가 같은 분수. 약분을 하면 크기가 같은 분수들이 동치분수이다.

예 $\frac{4}{6}$, $\frac{6}{9}$, $\frac{8}{12}$ 은 약분하면 $\frac{2}{3}$ 이다. 이 3개의 분수가 동치분수이다. 약분해서 $\frac{2}{3}$ 가 되는 분수의 개수는 무수히 많다.

둔각 obtuse angle

직각(90°)보다 크고 평각(180°)보다 작은 각.

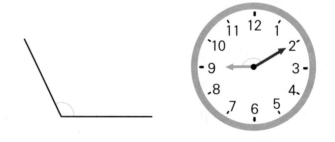

둔각삼각형 obtuse triangle

한 내각의 크기가 둔각인 삼각형. 삼각형은 절대로 2개 이상의 둔각을 가질 수 없다.

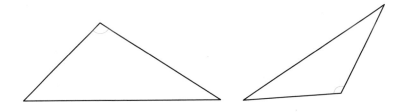

둘레 boundary

평면도형을 둘러싼 변의 길이. 평면도형의 측정된 테두리의 길이로도 정의할 수 있다.

> **예** 다각형은 변의 길이를 각각 알면 둘레를 구할 수 있으며, 원의 둘레인 원주는 반지름의 길이만 알면 구할 수 있다.

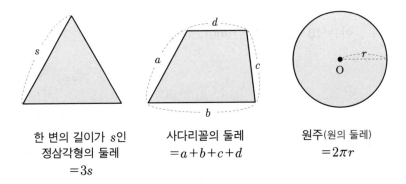

한 변의 길이가 s인
정삼각형의 둘레
$=3s$

사다리꼴의 둘레
$=a+b+c+d$

원주(원의 둘레)
$=2\pi r$

드무아브르의 정리 de Moivre's theorem

복소평면의 단위원 위에 있는 복소수를 극형식으로 나타낸 것.

$$(\cos\theta+i\sin\theta)^n=\cos n\theta+i\sin n\theta$$

들이 volume

수조나 물통 안에 물을 최대로 넣을 수 있는 부피값.

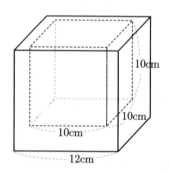

가로, 세로, 높이가 12cm인 수조는 부피가 $12\times12\times$ $12=1728(\text{cm}^3)$이며, 점선 안의 수조에만 물을 넣으면 들이는 $10\times10\times10=1000(\text{cm}^3)$이다.

등변사다리꼴 isosceles trapezoid

밑변의 양 끝각의 크기가 같은 사다리꼴. 평행하지 않은 두 빗변의 길이가 같고, 두 대각선의 길이가 같은 성질이 있다.

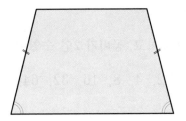

등차수열 arithmetic sequence

공차로 항과 항 사이가 일정하게 더해진 수열. 첫째 항을 a_1, n개의 항을 가지며, 공차가 d이면 일반항 $a_n=a_1+(n-1)d$로 구한다.

예 첫째 항이 1이고, 공차가 2인 수열이 있으면,

$$1, \ 3, \ 5, \ 7, \ 9, \ 11, \cdots$$
$$\ _{+2} \ _{+2} \ _{+2} \ _{+2} \ \ _{+2} \ \ _{+2}$$

둘째 항 a_2는 첫째 항 a_1보다 2가 크고, 셋째 항 a_3는 둘째 항 a_2보다 2가 크고…로 등차수열을 이룬다. 등차수열의 일반항을 구하는 방법은 $a_n=1+(n-1)\times 2=2n-1$이다.

등비수열 geometric sequence

공비로 항과 항 사이가 일정하게 곱해진 수열. 일반항 $a_n=$

ar^{n-1}로 구한다.

> **예** 첫째 항이 2이고, 공비가 2인 수열이 있으면,

$$2, \ 4, \ 8, \ 16, \ 32, \ 64, \ \cdots$$
$$\underset{\times 2}{} \ \underset{\times 2}{} \ \underset{\times 2}{} \ \underset{\times 2}{} \ \underset{\times 2}{} \ \underset{\times 2}{}$$

둘째 항 a_2는 첫째 항 a_1의 2배, 셋째 항 a_3는 둘째 항 a_2의 2배, …로 등비수열을 이룬다. 등비수열의 일반 항을 구하는 방법은 $a_n = 2 \times 2^{n-1} = 2^n$이다.

등식 equality

등호(=)를 사용하여 2개 이상의 숫자 또는 식의 관계가 같다는 것을 나타낸 관계식. 등식에는 방정식과 항등식이 있다.

> **예** $1+1=2$, $x+y=8$, $4x^5-3x^2+7=0$

등식의 성질 the nature of equation

등식에 대한 다음의 4가지 성질을 의미한다.

① 등식의 양변에 같은 수를 더해도 등식은 성립한다.

$a=b$일 때 $a+c=b+c$

② 등식의 양변에 같은 수를 빼도 등식은 성립한다.

$a=b$일 때 $a-c=b-c$

③ 등식의 양변에 같은 수를 곱해도 등식은 성립한다.

$a=b$일 때 $ac=bc$

④ 등식의 양변에 0을 제외한 같은 수를 나누어도 등식은 성립한다.

c가 0이 아니고, $a=b$일 때 $\dfrac{a}{c}=\dfrac{b}{c}$

등차중항 arithmetic mean

세 수가 등차수열을 이룰 때 가운데 항. a, b, c가 있을 때 b가 등차중항이다. $b=\dfrac{a+c}{2}$ 로 평균을 구하는 방법으로 구할 수 있다.

등치법 method of equivalence

하나의 미지수로 정리한 2개의 방정식을 서로 같다고 놓고 푸는 연립방정식의 풀이 방법의 하나. 가감법, 대입법과 함께 많이 쓰인다.

예
$$\begin{cases} x-2y=-6 \\ x+3y=14 \end{cases}$$ 를 풀어보면,

$$\begin{cases} x - 2y = -6 & \cdots ① \\ x + 3y = 14 & \cdots ② \end{cases}$$

①, ②를 x에 관하여 정리하면

$$x = 2y - 6 \quad \cdots ③$$

$$x = -3y + 14 \quad \cdots ④$$

③=④로 놓으면

$$2y - 6 = -3y + 14$$

$$y = 4$$

$y=4$를 ④식에 대입하면

따라서 $x=2$, $y=4$

등호 equality sign

2개의 식 또는 양이 서로 같음을 나타내는 수학 기호. 1557년 영국의 수학자 로버트 레코드$^{Robert\ Recorde,\ 1510\sim1558}$가 처음으로 사용했다.

예 $3+5=8$, $x+y=2$, $\overline{AB}=\overline{CB}$

따름정리 corollary

이미 증명된 정리에서 또 다른 것으로 자연스럽게 유추할 수 있는 정리. 추론이라고도 한다.

띠그래프 band graph

직사각형 모양의 띠에 전체 중에 해당하는 부분을 비율로 나타낸 그래프. 비율은 백분율로 나타내며, 원그래프와 마찬가지로 한 눈에 구성 비율을 볼 수 있다. 백분율의 합은 100%이다.

어느 지역 사람들의 혈액형 분포

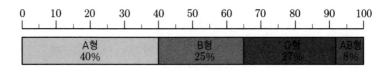

라그랑주 Joseph Louis Lagrange, 1736~1813

이탈리아 태생의 프랑스 수학자, 천문학자. 타원 함수론, 라그랑주의 승수, 라그랑주의 콤마, 라그랑주의 함수, 라그랑주의 괄호식, 라그랑주의 운동 방정식, 유체 역학, 파동 이론 등 많은 업적을 남겼으며, 에콜 노르말 쉬페리외르 대학의 교수로 재직했고, 베를린 아카데미 소속 수학자이기도 했다.

라마누잔 Srinivāsa Aiyangar Rāmānujan, 1887~1920

인도의 수학자. 그의 탁월한 사고와 논리로 이루어진 연구는 20세기의 수학 그중에서도 특히 정수론 발전에 많은 기여를 했다. 그중에는 택시수인 1729가 $12^3+1^3=10^3+9^3$으로 구성된 것도 유명하다. 모든 자연수의 합 $1+2+3+4+5+\cdots=-\frac{1}{12}$ 이 된다는 것도 증명했는데, 이것을 '라마누잔의 합'이라 한다.

라이프니츠 Leibniz, Gottfried Wilhelm, 1646~1716

독일의 수학자, 법학자, 철학자 및 과학자로 미적분법의 창시자이며, 위상해석학에 많은 영향을 주었으며, 역학도 많은 연구를 했다. 함수는 라이프니츠가 처음으로 사용한 용어이며 적분 기호 인티그럴 $\int$ 도 처음으로 사용했다. 유고집으로 모나드론이 유명하다.

램지 이론 Ramsey theorem

규칙 또는 무질서에서 '적어도'와 '반드시'라는 접근방법으로 법칙을 찾아 정리한 이론으로, 프랭크 램지[Frank Plumpton Ramsey, 1903~1930]가 발견했다. 자주 드는 예로 비둘기집 원리가 있다. 'm개의 비둘기 집에 n마리의 비둘기가 있다면, 적어도 그중 한 마리는 같은 비둘기집에 들어가 있다'라는 논리이다. 다른 예로 5개의 꼭짓점에 2가지 색의 선분을 연결할 때, 삼각형이 만들어지지 않는 경우가 있다. 이때 적어도 꼭짓점이 6개이면 이 문제는 해결된다.

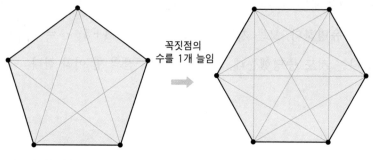

꼭짓점의
수를 1개 늘임

검은색 선분이나 컬러 선분으로
구성된 삼각형은 없다.

검은색 선분으로 구성된 삼각형은 없으나
컬러 선분으로 구성된 삼각형은 2개 있다.

로그 logarithm

1594년 영국의 존 네이피어가 창안한 것으로, a가 1이 아닌 양수일 때, $x=a^y$의 관계에서 y는 a를 밑으로 하는 x의 로그이며, $\log_a x$로 나타낸다. 밑이 10인 로그를 상용로그라 하며 $\log_{10} x$ 또는 $\log x$로 나타낸다. 밑이 자연상수 e이면 자연로그라 하며 $\ln x$로 나타낸다.

로그 방정식 logarithmic equation

로그에서 밑 또는 진수가 미지수인 방정식.

> **예** $\log_{x-1} 2 = 8$, $\log_2 (x^2 - 6x + 8) = 10$,
> $(\log_3 x)^2 - 2\log_3 x + 1 = 0$

로그 부등식 logarithmic inequality

로그에서 밑 또는 진수가 미지수인 부등식.

예 $\log_7 x \geq 1$, $\log_x \dfrac{1}{4} \leq 9$, $\log_{\frac{1}{3}} x - \log_{\frac{1}{3}}(x-1) \geq -27$

로그 함수 logarithmic function

$y = \log_a x$의 형태로 나타내는 함수. 로그 함수가 $y = \log_a (x-p) + q$의 형태이면 $y = \log_a x$를 x축의 방향으로 p만큼, y축의 방향으로 q만큼 평행 이동한 것이다.

로피탈의 정리 L'Hôpital's rule

부정형의 극한값에 대한 미분법 중 하나. 약분하듯이 1차례 이상 계산하여 극한값을 빠르게 구할 수도 있으나 오류가 발생할 수 있으므로 미분법의 검토 과정에서 적용하는 경우가 많은 미분법이다. 베르누이의 규칙으로도 부른다. 수학적으로는 다음과 같이 정의한다.

미분 가능한 함수 $f(x)$, $g(x)$에서 $\dfrac{f(x)}{g(x)}$ 가 $\dfrac{0}{0}$ 또는 $\dfrac{\infty}{\infty}$ 형태

일 때 $\lim\limits_{x \to a} \dfrac{f(x)}{g(x)} = \lim\limits_{x \to a} \dfrac{f'(x)}{g'(x)}$ 가 성립한다.

예제 $\lim\limits_{x \to 0} \dfrac{\cos x - e^x}{x^2 + \sin x}$ 의 극한값을 구하면?

풀이 $\lim\limits_{x \to 0} \dfrac{\cos x - e^x}{x^2 + \sin x} \doteqdot \lim\limits_{x \to 0} \dfrac{-\sin x - e^x}{2x + \cos x} \doteqdot \dfrac{-0-1}{2 \times 0 + 1} = -1$

르베그 적분 Lebesgue integral

측도론으로 접근한 적분법. 리만 적분보다 폭넓고도 많은 적분을 편리하게 할 수 있으며, 극한에도 활용되어 해석학과 확률론에도 적용한다. 리만 적분은 연속함수와 일부 불연속 함수의 적분만 가능했지만 이것을 통해 일반적인 적분의 초석을 다질수 있었다.

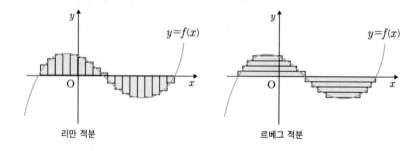

리만 적분   르베그 적분

리만 가설 Riemann hypothesis

소수의 성질 및 배열에 대해 규칙성을 찾으려는 수학자 리만 Georg Friedrich Bernhard Riemann, 1826~1866이 1859년 발표한 가설이다. 리만 제타함수를 통해 소수에 관한 함수를 계속 연구하고 있으며 4대 난제 중의 하나로, 2018년에 이에 대한 증명이 발표된 적이 있다. 많은 수학자들이 리만의 가설을 연구하는 이유는 소수와 복소수, 양자 물리학, 정수론에 상당한 영향을 주는 가설이기 때문이다.

리만 제타함수 $\xi(x) = 1 + \left(\frac{1}{2}\right)^x + \left(\frac{1}{3}\right)^x + \left(\frac{1}{4}\right)^x + \cdots$

리만 적분 Riemann integral

함수 $f(x)$의 정해진 구간에서 x축과 이루는 넓이를 구하는 적분법.

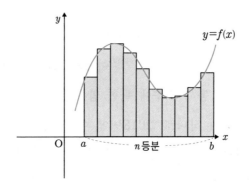

구간 $[a, b]$에서 구간을 세로로 n등분하여 직사각형의 넓이를 모두 더한 값이다.

$$\lim_{n \to \infty} \sum_{k=1}^{n} f(x_k) \frac{b-a}{n} = \int_{a}^{b} f(x)dx$$

마름모 ^{rhombus}

네 변의 길이가 모두 같은 사각형. 성질로는 두 대각선이 서로 수직 이등분한다. 그리고 마주 보는 두 대각의 크기가 같으며, 이웃하지 않는 두 대변은 서로 평행이다.

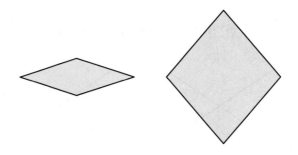

막대그래프 bar graph

한눈에 보기 쉽게 조사한 수량을 간격을 뗀 막대로 나타낸 그래프.

예 T 대학의 경영학과 외국 유학생들의 국가를 조사하여 막대그래프로 나타내면 다음과 같다.

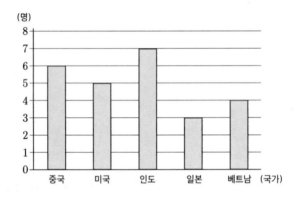

맞꼭지각 opposite vertical angles

2개의 직선이 한 점에서 만났을 때 생기는 마주 보는 각.

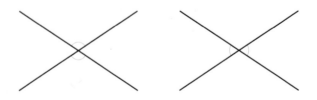

맹거 스펀지 Menger Sponge

1926년 카를 맹거가 개발한 프랙털로, 정육면체를 27개의 작은 정육면체로 쪼갠 후 중간에 위치한 각 면을 1개씩 빼내는 작업을 무한히 반복하여 얻은 도형을 말한다. 프랙털 과정을 지날수록 부피는 작아지며, 시에르핀스키 카펫이라는 표면적은 점점 커진다.

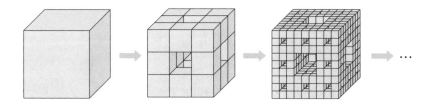

메넬라우스의 정리 Menelaus' theorem

체바의 정리보다 먼저 나온 것이 메넬라우스 정리이다.

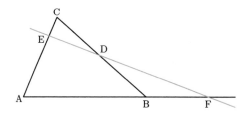

△ABC에서 꼭짓점이 아닌 점 D, E, F가 각각 $\overline{BC}$, $\overline{CA}$, $\overline{AB}$의 연장선 위에 있다고 하자. 이때 D, E, F가 한 직선 위의 점이

면 $\dfrac{\overline{AF}}{\overline{BF}} \times \dfrac{\overline{CE}}{\overline{AE}} \times \dfrac{\overline{BD}}{\overline{CD}} = 1$이 성립한다. 단, 직선이 반드시 그림처럼 삼각형을 횡단하지 않아도 상관없다.

멱급수 power series

등차수열과 등비수열의 곱으로 이루어진 수열의 합. 멱급수는 일반적으로 다음의 식으로 나타낸다.

$$\sum_{n=0}^{\infty} a_n x^n$$

예 $S = 1 \times \underline{2^1} + 2 \times \underline{2^2} + 3 \times \underline{2^3} + 4 \times \underline{2^4} + \cdots + n \times \underline{2^n}$

위의 식에서 밑줄 친 부분의 앞 숫자는 1, 2, 3, 4, 5, ⋯, n처럼 등차수열인 것을 알 수 있다. 밑줄 친 숫자는 2^1, 2^2, 2^3, ⋯, 2^n처럼 등비수열이다.

멱집합 power set

부분집합의 원소 전체를 갖는 집합. 집합 A의 멱집합 기호는 P(A)이다.

예 집합 $S = \{c, d\}$이면 멱집합 P(S)는 $\{\phi, \{c\}, \{d\}, \{c, d\}\}$.

면 face

직선 또는 곡선으로 둘러싸인 넓이를 가진 도형. 면은 평면과 곡면이 있다.

예

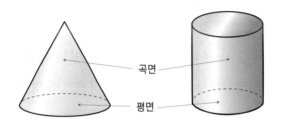

평면은 평평한 면이고, 곡면은 굽은 면이다.

면대칭 plane symmetry

평면이 양쪽에 있는 2개의 점 또는 도형을 수직이 등분하는 대칭.

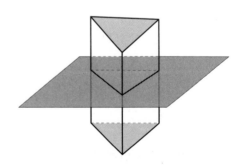

오른쪽 삼각기둥 높이의 $\frac{1}{2}$을 자르는 평면은 삼각기둥의 두 평면을 수직이 등분한다.

선대칭과는 선이 아닌 면에 의한 대칭인 점만 다르다.

명제 proposition

참 또는 거짓을 명확하게 판단할 수 있는 문장.

예 ① 정삼각형은 모든 변의 길이가 같은 삼각형이다.(○)

② 서울은 대한민국의 수도이다.(○)

③ 저 산은 경관이 좋다.(×)

①과 ②는 우리가 참임을 알 수 있는 명제이다. 그러나
③은 사람마다 판단의 기준이 다르므로 명제가 아니다.

모비율 population proportion

모집단의 특성 속성에 관한 비율. 보통 p로 표기한다.

$$p = \frac{n}{N}$$

(N은 모집단의 원소의 개수, n은 모집단의 특성속성을 가진 원소의 개수)

모서리 edge

다면체에서 면끼리 서로 만나는 부분에 생기는 선분.

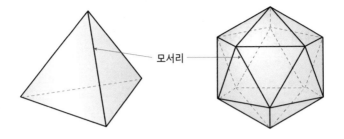

모서리

모선 generator

회전체의 옆면을 만드는 선분.

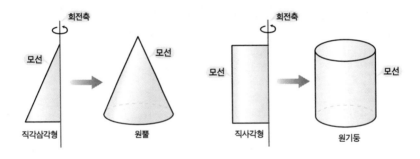

구는 회전체가 되기 전에 직선이 아닌 곡선이므로 모선이 없다.

모수 parameter

모집단의 특성을 나타내는 양적인 측도. 평균, 표준편차, 비율 등이 있다. 모수의 값을 통해 모집단에 관한 정보를 얻을 수 있다.

모집단^{population}

통계에서 분석 대상이 되는 모든 집합.

모평균^{population mean}

모집단의 평균값. 모평균을 파악하면 추정할 수 있다.

표본 조사로 얻은 자료가 모집단의 어느 구간에 있을 것이라는 추정 확률이 신뢰도이며, 그에 대한 구간은 신뢰구간이다.

이때 모집단의 분포는 정규분포 $N(m, \sigma^2)$을 따른다. 표본 평균을 $\overline{X}$, 표본 크기를 n, 모표준편차를 σ로 하면 다음과 같다.

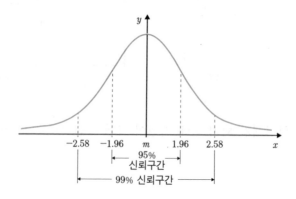

95%의 신뢰도

$$\overline{X} - 1.96\frac{\sigma}{\sqrt{n}} \le m \le \overline{X} + 1.96\frac{\sigma}{\sqrt{n}}$$

99%의 신뢰도

$$\overline{X} - 2.58\frac{\sigma}{\sqrt{n}} \le m \le \overline{X} + 2.58\frac{\sigma}{\sqrt{n}}$$

예제 정규분포를 따르는 어떤 공정에서 추출한 4개의 표본을 분석했더니 결과는 92.1%, 90%, 94.1%, 93.9%였다. 표준편차가 0.1이면 신뢰도 95%로 추정하여라.

풀이 표본평균 $\overline{X} = \dfrac{92.1 + 90 + 94.1 + 93.9}{4} = 92.525$, $n = 4$,

$\sigma = 0.1$이므로 95%의 신뢰도 구간추정은,

$$92.525 - 1.96 \times \frac{0.1}{\sqrt{4}} \le m \le 92.525 + 1.96 \times \frac{0.1}{\sqrt{4}}$$

$$\Rightarrow 92.427 \le m \le 92.623(\%)$$

몫 quotient

나눗셈에서 제수를 피젯수로 나눌 때의 수.

예 29를 3으로 나누면 몫은 9이고, 나머지는 2이다.

$$\begin{array}{r} 9 \leftarrow 몫 \\ 3\overline{)29} \\ \underline{27} \\ 2 \leftarrow 나머지 \end{array}$$

몫의 미분법 quotient rule

두 함수 $f(x)$와 $g(x)$가 미분이 가능할 때,

$$\frac{d}{dx}\left(\frac{f(x)}{g(x)}\right) = \frac{f'(x)g(x) - f(x)g'(x)}{\left(g(x)\right)^2}$$

뫼비우스의 띠 ^{Möbius band}

직사각형의 마주 보는 모서리를 180° 꼬아 이어 붙인 도형. 독일의 수학자이자 천문학자인 아우구스트 뫼비우스 ^{Augustus Ferdinand Möbius, 1790~1868}가 1858년 발명한 이래로 수학 외에도 예술, 음악, 건축, 문학 등 다양한 분야에 응용되고 있다.

무게 ^{weight}

물체의 무거운 정도. 많이 쓰이는 단위로는 톤(ton), 킬로그램(kg), 그램(g), 밀리그램(mg)이 있다.

1톤$=1,000$(kg)$=1,000,000$(g)$=1,000,000,000$(mg)

무게중심 ^{center of gravity}

도형이나 무게를 매달거나 받쳤을 때 수평의 균형을 이루는 점.

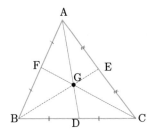

삼각형의 각 변의 중점이 모이는
점 G가 무게중심이다.

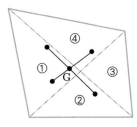

사각형의 무게중심은 ①과 ②, ③과 ④로 이루어진
삼각형의 무게중심과 ①과 ④, ②와 ③으로 이루어진
삼각형의 무게중심의 교점이 무게중심 G가 된다.
이는 아르키메데스의 정리이다.

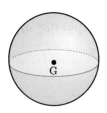

구의 무게중심은 원점이다.

원뿔의 무게중심 G는 밑면에서
원뿔의 꼭짓점에 이르는
거리의 $\frac{1}{4}$이다

무리 방정식 irrational equation

근호 안에 미지수가 포함된 방정식.

예 $\sqrt{x-1} = x^2 + x,\ \sqrt{x^2+1} + \sqrt{2x^5-1} = 7$

무리수 ^{irrational number}

소수로 나타낼 때 순환하지 않는 불규칙한 무한소수.

예　**원주율** $\pi = 3.14159265\cdots$

　　자연상수 $e = 2.71828182\cdots$

　　제곱근 $\sqrt{2} = 1.41421356\cdots$

무연근 ^{extraneous root}

방정식에서 조건에 맞지 않아서 해^{solution}가 되지 않는 근. 절댓값이 포함된 방정식, 무리방정식, 로그방정식, 분수방정식 등에서 나타난다.

예　$|x| = 2x - 1$에서 절댓값이 양수인가 음수인가에 따라 2개의 조건을 세워 푼다.

　　① $x \geq 0$일 때 $x = 2x - 1$

　　　∴ $x = 1$

　　② $x < 0$일 때 $-x = 2x - 1$

　　　　　　$-3x = -1$

　　　∴ $x = \dfrac{1}{3}$ ($x < 0$인 조건에 맞지 않는다.)

　　결론적으로 조건 ②의 $\dfrac{1}{3}$은 무연근이다.

무한급수 ^{infinite series}

항을 차례대로 무한히 더한 식. 일반적으로 $\sum$ ^{sigma}를 사용하여 나타낸다.

$$\sum_{n=1}^{\infty} a_n = a_1 + a_2 + a_3 + \cdots + a_n + \cdots$$

무한대 ^{infinity}

숫자의 끝이 없거나 무수히 커지는 상태. 무한하게 나아간다는 의미로 ∞로 표기한다. 음의 방향으로 무한하게 커지면 −∞로 표기한다.

무한소수 ^{infinite decimals}

소수점 아래 숫자가 무한한 소수. 무리수에 순환하는 소수의 범위를 더한 소수이다.

무리수
$\sqrt{7}, \pi, \sqrt{11}, e, \cdots$
+
순환하는 소수
1.712712⋯
4.222222⋯
=
무한 소수

무한수열 infinite sequence

항이 무수히 계속되는 수열. $1, \dfrac{1}{2}, \dfrac{1}{3}, \dfrac{1}{4}, \dfrac{1}{5}, \cdots$ 처럼 무수히 계속된다.

무한집합 infinite set

원소의 개수가 무한한 집합. 원소나열법으로 원소 전체를 나타낼 수 없는 무한의 개수를 가진 집합을 말한다.

> **예** 실수의 집합, 자연수의 집합, 13의 배수의 집합, 소수의 집합

미만 below

어떤 수를 포함하지 않는, 그 수보다 작은 수.

> **예** 아래처럼 7 미만인 수는 7보다 작은 수를 말한다. 7은 포함하지 않는다.

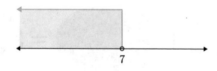

미분가능성 available for differentiation

미분법에서 미분의 가능성에 대한 여부를 알 수 있는 기준. 다음의 3가지를 만족해야 한다.

① 순간변화율을 구할 수 있다.

② 연속함수이다.

③ 좌미분계수와 우미분계수의 값이 같다.

미분계수 differential coefficient

함수 $f(x)$의 $x=a$일 때의 평균변화율의 극한값.

$$\lim_{x \to a} \frac{f(x)-f(a)}{x-a} = \lim_{h \to 0} \frac{f(a+h)-f(a)}{h} = f'(a)$$

미정계수 undetermined coefficient

항등식이나 방정식에서, 아직 정해지지 않은 계수.

예 $ax+2=6$에서 a의 값이 정해지면 방정식을 풀 수 있다. 이때 정해지지 않은 a의 값이 미정계수이다.

미지수 ^{unknown}

대수학에서 구하고자 하는 정해지지 않은 문자. 함수, 방정식, 부등식에서 일반적으로 x, y, z, w 등을 사용한다.

> **예** $y=x+4$, $2x-3y<8$, $f(w)=w^2+2w-1$

밑 ^{base}

거듭제곱으로 나타내었을 때, 지수 아래에 있는 수 또는 문자.

> **예** 5^3에서 3은 지수, 5는 밑이다.

밑각 ^{base angle}

도형의 맨 아랫변에 이웃한 양 끝각.

 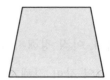

밑면 ^{base}

입체도형에서 옆면을 제외한 면 또는 짝지어진 면.

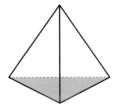

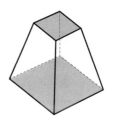

색칠한 면이 밑면이다

구는 밑면이 없다

밑변 lower base

평면도형에서 높이와 수직인 변.

예

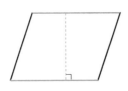

색으로 된 선이 밑변이다

반각의 공식 half-angle formula

$\dfrac{\alpha}{2}$ 의 삼각함수를 $\cos \alpha$에 관하여 나타낸 삼각항등식.

$$\sin^2 \frac{\alpha}{2} = \frac{1-\cos\alpha}{2}$$

$$\cos^2 \frac{\alpha}{2} = \frac{1+\cos\alpha}{2}$$

$$\tan^2 \frac{\alpha}{2} = \frac{1-\cos\alpha}{1+\cos\alpha}$$

반구 half-angle formula

구를 $\dfrac{1}{2}$로 자른 부분.

반례 ^{counter example}

어떤 명제가 거짓임을 증명하는 하나의 예.

예 'P>Q이면 P^2>Q^2이다.'라는 명제가 거짓임을 증명하려면 P에 -1, Q에 -2를 대입하면 $P^2=1$, $Q^2=4$가 되어 성립하지 않음을 알 수 있다. 따라서 거짓명제가 된다. 반례는 명제에서 단 1개라도 성립하지 않는 것을 증명하면 그 명제는 거짓이 되므로 매우 중요한 예가 된다.

반비례 ^{inverse proportion}

한쪽 양이 커지면 다른 쪽 양은 동일한 비로 작아지는 대응관계. 역비례라고도 한다.

x와 y의 관계로 많이 나타내며 아래처럼 대응표를 보면 그 관계를 알 수 있다.

x	1	2	3	4	⋯
y	1	$\frac{1}{2}$	$\frac{1}{3}$	$\frac{1}{4}$	⋯

$x \times y=1$인 것을 알 수 있으며, 반비례에서는 두 변량 x와 y의 곱이 항상 일정한 a로 놓고 식을 세운다,

$x \times y=a$에서 a는 비례상수이며, 양변을 x로 나누면 y에 관한 식 $y=\dfrac{a}{x}$라는 일반적인 관계식이 된다.

반비례 그래프 graph of inverse proportion

반비례 관계를 좌표평면 위에 나타낸 그래프. 쌍을 이룬 그래프이다.

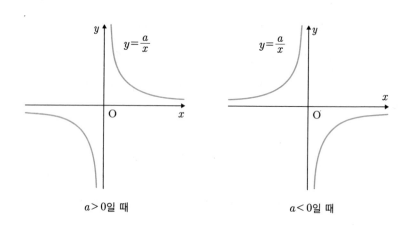

$a>0$일 때 $a<0$일 때

반올림 round off

한 자리 아랫수가 5 이상이면 그 자릿수에 1을 올려주고, 5 미만이면 0으로 내려주는 어림 방법.

> 예 12를 일의 자리에서 반올림하면 2는 5보다 작으므로 10
> 이 된다. 17을 일의 자리에서 반올림하면 7은 5보다 크
> 기 때문에 20이 된다.

반지름 ^{radius}

원의 중심과 원주의 한 점과 이어진 선분을 가리킨다. 또는 3차원에서 구의 중심과 구의 표면 위의 한 점에 이르는 거리를 나타내는 선분을 가리킨다.

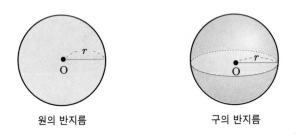

원의 반지름   구의 반지름

반직선 ^{ray}

한 점을 시작으로 한 방향으로 무한히 뻗어나가는 직선.

점 A를 시작으로 점 C를 포함한 점의 집합으로 뻗어나가므로 $\overrightarrow{AC}$ 로 나타낸다.

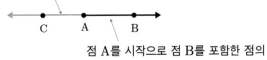

점 A를 시작으로 점 B를 포함한 점의 집합으로 뻗어나가므로 $\overrightarrow{AB}$ 로 나타낸다.

받아내림 받아내림 toput off

뺄셈에서 같은 열끼리 뺄 때, 아랫수가 더 큰 경우에 위 열의
앞의 수에서 10을 빌려서 계산하는 방법.

$$
\begin{array}{r}
{\scriptstyle 5\;\;10}\\
6\,7\\
-\,1\,9\\
\hline
4\,8
\end{array}
\qquad
\begin{array}{r}
{\scriptstyle 2\;14\;10}\\
3\,5\,2\\
-\,1\,7\,8\\
\hline
1\,7\,4
\end{array}
$$

두 번 받아내림

받아올림 to advance more up

덧셈 또는 곱셈에서 뒷자리 수 계산값이 10 이상일 때 올려
계산하는 방법.

$$
\begin{array}{r}
{\scriptstyle 1}\\
3\,2\\
+\,1\,9\\
\hline
5\,1
\end{array}
\qquad
\begin{array}{r}
{\scriptstyle 1}\\
6\,2\\
\times\quad 9\\
\hline
5\,5\,8
\end{array}
$$

발산 divergence

수렴하지 않으며, 함수의 극한값이 무한대의 값을 갖는 것. 발
산에는 양의 무한대인 ∞, 음의 무한대인 $-\infty$, 진동이 있다.

방심 ^{excenter}

삼각형의 한 내각의 이
등분선과 또 다른 두 외각
의 이등분선의 교점.

삼각형 ABC에서 ∠B의
이등분선과 ∠A, ∠C의
외각의 이등분선이 만나
는 교점이 점 P이면 방심이
며 원은 방접원이다. 삼각
형 ABC는 방심을 이러한
절차로 3개 그리면 오른쪽
처럼 3개가 완성된다.

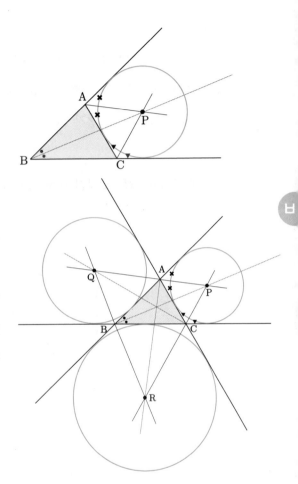

방정식 ^{equation}

미지수의 값에 따라 참 또는 거짓이 되는 등식.

예 $3x + 1 = 0,\ -\dfrac{4}{7}x^2 + x - 9 = 0,\ 6y + 7 = 0,\ xy - 7 = 0$

방향 코사인 ^{direction cosine}

어떤 벡터와 방향은 같으면서 단위벡터의 크기인 1로 만드는 벡터. 평면에서 방향 코사인 $\cos \alpha$, $\cos \beta$와 공간에서 방향 코사인 $\cos \alpha$, $\cos \beta$, $\cos \gamma$가 있다.

(1) 평면에서 방향 코사인 – $\cos \alpha$, $\cos \beta$

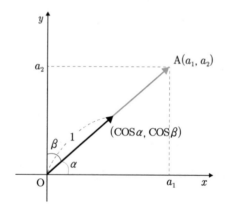

$$e = \frac{\vec{a}}{|\vec{a}|} = \left(\frac{a_1}{|\vec{a}|}, \ \frac{a_2}{|\vec{a}|} \right) = (\cos \alpha, \ \cos \beta)$$

여기서 $|\vec{e}| = 1$이므로 $\cos^2 \alpha + \cos^2 \beta = 1$.

(2) 공간에서 방향 코사인 - cos α, cos β, cos γ

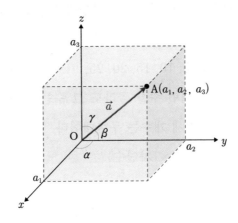

$$\vec{e} = \frac{\vec{a}}{|\vec{a}|} = \left(\frac{a_1}{|\vec{a}|}, \frac{a_2}{|\vec{a}|}, \frac{a_3}{|\vec{a}|} \right) = \left(\cos\alpha, \cos\beta, \cos\gamma \right)$$

여기서 $|\vec{e}| = 1$이므로 $\cos^2\alpha + \cos^2\beta + \cos^2\gamma = 1$.

배각의 공식 double-angle formula

삼각함수에서 각도와 그 각도를 2배를 한 각도의 관계를 나타
낸 삼각항등식.

$$\sin 2x = 2 \sin x \cos x$$

$$\cos 2x = \cos^2 x - \sin^2 x$$

$$\tan 2x = \frac{2 \tan x}{1 - \tan^2 x}$$

배수 ^{multiple}

정수를 자연수로 곱한 수. 어떤 정수에 1배, 2배, 3배, … 곱한
수가 된다.

> **예** 5의 배수는 5, 10, 15, 20, 25, …으로 계속 나열할 수 있
> 으며, 그중 어떤 수를 골라도 그 수는 배수가 된다. 그리
> 고 배수의 전체 개수는 무한대이다.
> (배수)=(약수)×(자연수)

백분율 ^{percentage}

전체량을 100으로 정할 때의 비율. 퍼센트로 읽으며, 기호는
%를 사용한다.
(백분율)=(비율)×100(%)

> **예** 비율이 0.2일 때 100을 곱하면 백분율 20%로 계산된다.

버림 ^{truncation}

한 자리 아래 숫자 이하를 버려서 구하는 어림 방법. 버려지는
숫자를 0으로 바꾼다.

> **예** 12를 일의 자리에서 버림하면 10, 134를 버림하여 백의
> 자리까지 나타내면 100이다.

번분수 compound fraction

분모 또는 분자에 분수가 들어간 분수. $\dfrac{d}{\dfrac{c}{b}}$, $\dfrac{\dfrac{c}{b}}{a}$, $\dfrac{\dfrac{c}{b}}{a}$ 형태가 있다.

예 $\dfrac{\dfrac{5}{7}}{\dfrac{3}{4}}$ 는 분모가 $\dfrac{3}{4}$, 분자가 $\dfrac{5}{7}$ 인 번분수이다.

이 분수를 계산하면 $\dfrac{5}{7} \div \dfrac{3}{4} = \dfrac{5}{7} \times \dfrac{4}{3} = \dfrac{20}{21}$.

$\dfrac{4}{\dfrac{2}{3}}$ 는 분모가 $\dfrac{2}{3}$, 분자가 4인 번분수이다.

이 분수를 계산하면 $4 \div \dfrac{2}{3} = 4 \times \dfrac{3}{2} = 6$.

베이즈 정리 Bayes' theorem

영국의 수학자 토머스 베이즈[Thomas Bayes, 1701~1761]가 1761년 발표한 정리로 사건 A가 일어날 확률을 P(A), 사건 B가 일어날 확률을 P(B)로 할 때, P(B)가 일어날 조건부 확률에 P(A)가 일어날 확률을 구하는 것이다.

$$P(A \mid B) = \frac{P(B \mid A)\, P(A)}{P(B)}$$

벡터 ^{vector}

크기와 방향을 가진 직선. 벡터에서 화살표의 시작하는 점을 시점, 끝나는 점을 종점이라 한다.

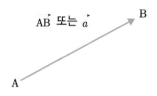

$\overrightarrow{AB}$ 또는 $\vec{a}$

B

A

위의 벡터 그림에서는 시점이 A, 종점이 B이며 벡터의 방향도 같이 나타낸 것이다. 이는 $\overrightarrow{AB}$ 또는 $\vec{a}$ 로 표기할 수 있다.

벡터의 크기 ^{length of vector}

벡터의 선분의 길이. 시점이 A, 종점이 B일 때 $|\overrightarrow{AB}|$ 또는 $|\vec{a}|$ 로 나타내며, 벡터의 크기가 1일 때 단위벡터($\vec{e}$)라 한다.

벡터의 내적 ^{scalar product}

두 벡터 $\vec{a}$, $\vec{b}$ 와 사잇각에 관한 스칼라곱.
공식은 다음과 같다.

$$\vec{a} \cdot \vec{b} = |a||b|\cos\theta$$

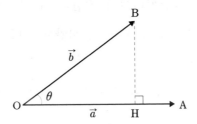

벡터의 덧셈과 뺄셈 addition and subtraction of vector

벡터의 덧셈과 뺄셈에 관한 법칙.

(1) 벡터의 덧셈

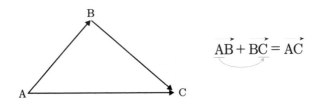

$$\vec{AB} + \vec{BC} = \vec{AC}$$

(2) 벡터의 뺄셈

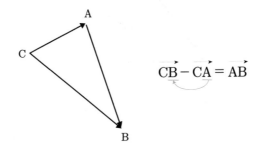

$$\vec{CB} - \vec{CA} = \vec{AB}$$

143

벡터의 성분 the component of a vector

벡터의 좌표. 평면벡터에서 종점의 좌표가 $\overrightarrow{\text{OA}}$ 에서 x좌표와 y좌표가 각각 (a_1, a_2)으로 순서쌍으로 나타내면 $\overrightarrow{\text{OA}}$ 의 성분이 된다.

공간벡터는 x축, y축, z축에 의한 좌표이므로 $\overrightarrow{\text{OA}} = (a_1, a_2, a_3)$ 로 나타낸다.

벡터의 외적 outer product

두 벡터 $\vec{a}, \vec{b}$ 와 사잇각 θ에 관한 벡터곱. 외적은 내적과 달리 3차원 이상의 공간좌표부터 적용한다. 따라서 성분은 3개 이상으로 된 벡터여야 한다.

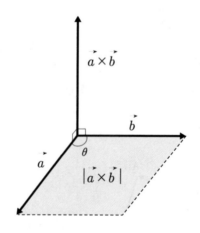

$\vec{a} = (a_1,\ a_2,\ a_3)$, $\vec{b} = (b_1,\ b_2,\ b_3)$ 일 때 벡터의 외적은 다음처럼 구한다.

$$\vec{a} \times \vec{b} = (a_1,\ a_2,\ a_3) \times (b_1,\ b_2,\ b_3)$$
$$= (a_2 b_3 - a_3 b_2,\ a_3 b_1 - a_1 b_3,\ a_1 b_2 - a_2 b_1)$$

외적의 크기는 그림처럼 평행사변형의 넓이이며 $|\vec{a} \times \vec{b}|$ 이다. $|\vec{a} \times \vec{b}|$는 $|\vec{a}||\vec{b}|\sin\theta$ 로 계산한다.

벤 다이어그램 venn diagram

집합 관계를 나타낸 도표. 명제들의 논리 관계를 설명할 때도 많이 사용하는 도표이다. 영국의 논리학자이자 수학자인 존 벤 John Venn, 1834~1923 이 창안했다.

일반적으로 전체집합을 U(Union의 약어), 첫 부분집합을 A로 하여 부분집합이 늘어날수록 알파벳 순으로 계속 나타내면 된다.

예 U={x | x는 10 이하의 자연수}

A={x | x는 소수}

B={x | x는 2의 배수}

벤 다이어그램으로 그려 나타내면 오른쪽 그림과 같다.

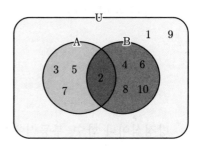

변 side

수학에서 2가지의 의미로 사용된다.

(1) 각을 이루거나 다각형을 둘러싸는 선분

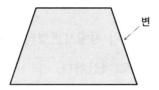

(2) 등식의 양변에 있는 미지수와 숫자를 포함한 전체

$$x^2 + x = 1$$

좌변 우변

변

변량 variate

통계에서 관찰되는 자료값. 통계에서 나이, 몸무게, 기온, 전력사용량 등이 변량이다.

변수 variable

방정식이나 함수, 부등식에서 수식에 따라 변하는 미지수.

예 $2x+3y=0$에서 x, y는 변수이다.

변위 displacement

움직인 거리와는 관계없이 운동을 시작한 위치에서 나중 위치까지의 직선 경로.

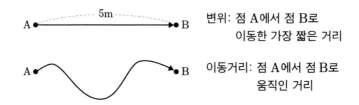

변위: 점 A에서 점 B로
이동한 가장 짧은 거리

이동거리: 점 A에서 점 B로
움직인 거리

변위는 5m, 이동거리는 5m를 초과한다. 원 운동하는 물체가 다시 원점으로 돌아오면 변위는 0이다. 그러나 이동거리는 움직인 거리를 모두 더한 것이므로 0이 아니다.

변증법 dialectic

제논이 발견하여 헤겔과 칸트, 괴델에 이르기까지 널리 사용된 논리학의 하나로 진리를 인식하기 위한 기술 및 방법으로 사용하는 경우가 많다. 수학은 절대적 진리와 절대성을 향한 목표가 짙은 학문이기에 변증법을 통한 비판으로서의 학문 추구로는 그 목표가 강하다.

변환 transformation

도형이나 함수의 대칭, 확대, 축소, 평행 이동을 말한다. 도형이 변환되었다는 의미는 위치와 크기가 변화되었다는 의미이다.

예 함수 $y=2x+1$가 있다. $x=2$를 대입하면 $y=5$가 된다.

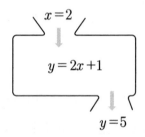

이때 함수 y에 의해 x는 2에서 5로 변환된 것이다.

보각 supplementary angles

합이 $180°$가 되는 두 개의 각을 서로 이르는 말.

예 $\angle A + \angle B = 180°$이면 $\angle A$의 보각은 $\angle B$이다.

복리 compound interest

원금에 가산한 이자로 또 다른 이자를 산출하는 이자. 원금을 a, 이자율을 r, 입금 연수를 n으로 하면 $a(1+r)^n$이다.

예 2년 동안 납입한 예금이 있을 때 1년마다 그 이자를 산출한다면 단리법과 복리법은 아래처럼 차이가 난다. 이때 예금 금리는 5%로 가정한다.

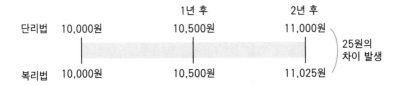

10,000원을 예금했을 때 1년 후는 같지만, 2년 후는 복리법에서 25원이 더 많다. 이유는 1년 후의 10,500원에 대한 5%의 예금 이자가 더 발생하기 때문이다.

복소수 complex number

실수부와 허수부를 포함하는 가장 큰 범위의 수. 복소수는 z로 나타내며, $a+bi$로 나타낸다. 실수부는 a, 허수부는 b이며, b와 곱한 i는 허수이다.

$$\text{복소수 } a+bi \begin{cases} \text{실수 } b=0 \\[2mm] \text{허수} \begin{cases} \text{순허수 } a=0,\ b\neq0 \\[2mm] \text{순허수가 아닌 허수 } a\neq0,\ b\neq0 \end{cases} \end{cases}$$

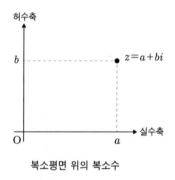

복소평면 위의 복소수

복소평면 complex plane

⋯⟶ 가우스 평면 Gaussian plane

볼록다각형 convex polygon

모든 내각이 $180°$ 보다 작은 다각형. 모든 외각은 $180°$ 보다 크

며, 겉으로 보았을 때 볼록한 모양이라서 볼록다각형이란 명칭
이 붙게 되었다.

부등변삼각형 scalene triangle

세 변의 길이와 세 각의 크기가 모두 다른 삼각형.

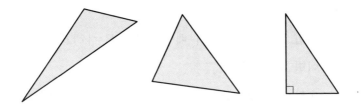

부등식 inequality

두 수 또는 두 식을 크기 비교하여 부등호로 나타낸 식.

예 $1 < 4$, $x + y \leq x^2 + y^2$, $xy \geq 3$, $3x - 2 > 4$

부등호 inequality symbol

두 수 또는 두 식의 크기를 비교하는 데 사용하는 기호. 부등호는 >, <, ≥, ≤가 있다.

부분집합 subset

두 집합 A, B가 있을 때, 집합 A의 모든 원소가 집합 B에 속하면 집합 A는 집합 B의 부분집합이다. 기호로 나타내면 A⊂B이다.

> **예** 집합 A={x | x는 4의 배수}, 집합 B={x | x는 2의 배수}
> 이면 A⊂B이다.
> 집합 A={x | x는 3의 배수}, 집합 B={x | x는 7의 배수}
> 이면 A⊄B이다.
> 또한 집합 A⊂B이고 B⊂A 관계이면 A=B가 된다. 이때 집합 A와 B는 상등 관계이다.

부정적분 indefinite integral

적분 구간이 결정되지 않은 적분의 형태. 적분은 구체적인 적분 구간이 정해져야 결괏값이 산출되는데, 부정적분은 적분을 하여도 함수 형태로 남으며, 적분 상수 C를 덧붙이게 된다.

$$\int f(x)dx = F(x) + C$$

적분 상수

부채꼴 sector

원호와 두 개의 반지름으로 둘러싸인 도형. 부채와 모습이 비슷하다고 하여 부채꼴로 명명했다.

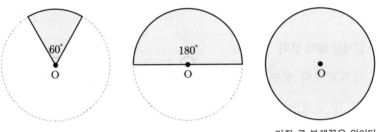

중심각이 60°인 부채꼴

중심각이 180°인 부채꼴

가장 큰 부채꼴은 원이다.
중심각이 360°이기 때문이다.

반지름의 길이가 r, 호의 길이가 l, 중심각의 크기가 $x°$이면, 부채꼴의 넓이 구하는 공식은 다음과 같다.

$$S = \pi r^2 \times \frac{x°}{360°} = \frac{1}{2}rl$$

부채꼴의 호의 길이를 구하는 공식은 다음과 같다.

$$l = 2\pi r \times \frac{x°}{360°} = rx°$$

부피 | volume

입체도형이 공간에서 차지하는 크기. 단위는 세제곱이다. 부피의 대표적인 단위로는 cm³, m³, L, mL, dL등이 있으며 수학에 많이 쓰인다. 수학에는 잘 쓰이지 않지만 말, 되, 홉과 갤런, 온스 등의 단위도 있다. 평면도형은 높이가 없기 때문에 부피가 없다. 그리고 넓이에 높이를 곱한 것을 부피로 정의하기도 한다.

$$1\text{cm}^3 = 0.000001\text{m}^3 = 0.001\text{L} = 1\text{mL} = 0.01\text{dL}$$

입체도형의 부피

입체도형의 밑면의 넓이를 S, 높이를 h, 반지름의 길이를 r로 하면 각 입체도형의 부피 V는 다음과 같다.

	공식
각기둥의 부피	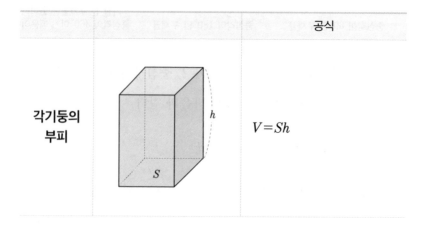 $V = Sh$

각뿔의 부피	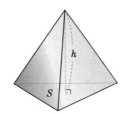	$V = \dfrac{1}{3}Sh$
원기둥의 부피		$V = \pi r^2 h$
원뿔의 부피		$V = \dfrac{1}{3}Sh = \dfrac{1}{3}\pi r^2 h$
원뿔대의 부피		$V = \dfrac{1}{3}\pi h(r_1^2 + r_1 r_2 + r_2^2)$
구의 부피	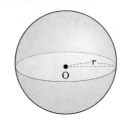	$V = \dfrac{4}{3}\pi r^3$

반지름의 길이가 r, 높이가 h 대
신 $2r$인 원기둥의 부피의 $\dfrac{2}{3}$ 는 구
의 부피이며, 원기둥의 부피의 $\dfrac{1}{3}$
은 원뿔의 부피이다.

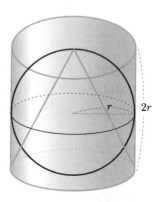

분모 denominator

분수 또는 분수식 $\dfrac{a}{b}$ 에서 b를 가리킨다.

> 예 $\dfrac{1}{8}$ 의 8, $\dfrac{x+7}{x^3+1}$ 의 x^3+1은 분모이다.

분모의 유리화 rationalization

분모가 무리수 또는 무리식으로 구성되어 있을 때, 분모와 분
자에 근호 또는 켤레식을 곱하여 분모를 유리식으로 바꾸는 것.

> 예 $\dfrac{3}{\sqrt{2}}=\dfrac{3\times\sqrt{2}}{\sqrt{2}\times\sqrt{2}}=\dfrac{3}{2}\sqrt{2}$
>
> $\dfrac{\sqrt{6}}{\sqrt{5}+1}=\dfrac{\sqrt{6}(\sqrt{5}-1)}{(\sqrt{5}+1)\times(\sqrt{5}-1)}=\dfrac{\sqrt{30}-\sqrt{6}}{4}$

분배법칙 the distributive law

다항식과 단항식의 곱에서 그 항들을 나누어서 곱하여 전개하는 것. 식을 전개해 계산해도 그 결괏값은 같다.

$$(a+b) \times c = ac + bc$$

다항식끼리도 분배법칙은 성립한다.

$$(a+b) \times (c+d) = ac + ad + bc + bd$$

논리학과 집합에서도 분배법칙은 성립한다.

분산 variance

평균으로부터 자료의 흩어진 정도. V로 나타내며, '분산이 크다'는 것은 자료가 평균으로부터 넓게 퍼져 있다는 것을 의미한다. 반대로 '분산이 작다'는 것은 자료가 평균에 많이 응집되어 있다는 것을 의미한다. 분산은 표준편차의 양의 제곱이며 $V = \sigma^2$의 관계식이 성립한다.

X가 이산형일 때, 확률질량함수 $p(x)$와 평균 m을 가진 확률변수이면,

$$V(X) = \sum_{i=1}^{n} (x_i - m)^2 p(x_i)$$

X가 연속형일 때 확률밀도함수 $f(x)$와 평균 m을 가진 확률변수이면,

$$V(X) = \int_{-\infty}^{\infty} (x - m)^2 f(x) dx$$

분수 fraction

분모와 분자를 사용하여 비율을 나타낸 수. a를 분모, b를 분자라 할 때 분수로 나타내면 $\dfrac{b}{a}$ 형태로 나타낸다.

> **예** $\dfrac{2}{3}$ 에서 $3 > 2$ 이므로 분모가 분자보다 큰 진분수이다.
>
> $\dfrac{7}{5}$ 에서 $5 < 7$ 이므로 분모가 분자보다 작은 가분수이다.
>
> 가분수 $\dfrac{7}{5}$ 은 $1\dfrac{2}{5}$ 인 대분수로 나타낸다.

분수방정식 fractional equation

분수식으로 구성된 방정식.

> **예제** $\dfrac{3}{x+1} + \dfrac{1}{x^2-1} = 2$ 를 구하여라.

$$\frac{3}{x+1} + \frac{1}{x^2-1} = 2$$

양변에 x^2-1을 곱하면

$$3(x-1) + 1 = 2(x^2-1)$$

식을 간단히 정리하면

$$2x^2 - 3x = 0$$

인수분해하면

$$2x\left(x - \frac{3}{2}\right) = 0$$

$$\therefore x = 0 \text{ 또는 } \frac{3}{2}$$

분수부등식 fractional inequality

분수식의 관계를 부등호로 연결한 식. 분수방정식과 풀이는 비슷하며, 마지막에 부등호의 방향에 주의하면서 푸는 것에 유념한다.

[예제] 분수부등식 $\dfrac{2}{x-1} \geq \dfrac{5}{x-2}$ 을 풀어라.

$$\frac{2}{x-1} \geq \frac{5}{x-2}$$

좌변으로 식을 이동하면

$$\frac{2}{x-1} - \frac{5}{x-2} \geq 0$$

분수식을 통분하면

$$\frac{2(x-2) - 5(x-1)}{(x-1)(x-2)} \geq 0$$

분자식을 전개한 후, 양변에 $\{(x-1)(x-2)\}^2$을 곱하면

$$(-3x+1)(x-1)(x-2) \geq 0$$

양변에 -1을 곱한 후,
부등호의 위치를 바꾸면

$$(3x-1)(x-1)(x-2) \leq 0$$

분모의 x가 1과 2가
아닌 것을 알고 풀이하면

$$\therefore x \leq \frac{1}{3}, \ 1 < x < 2$$

분수식의 그래프는 다음과 같으며, 색칠된 부분이 분수부등식의 해의 영역이다.

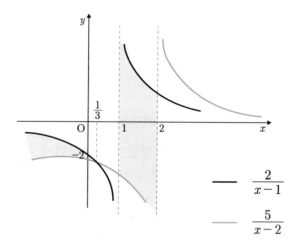

$$\underline{\qquad} \quad \frac{2}{x-1}$$

$$\underline{\qquad} \quad \frac{5}{x-2}$$

분수식 fractional expression

식을 간단히 정리하면, 분모는 유리식으로 이루어진 다항식으로 구성된 분수.

[예] $\dfrac{3}{2x+1}$, $\dfrac{3x+7}{x^2-1}$, $\dfrac{1}{2x}$

다음의 분수식 2개는 약분을 하지 않았으므로 간단히 정리한 후 분수식을 판별한다(단 분모는 0이 아닌 조건).

$\dfrac{(x-1)^2}{x-1}$, $\dfrac{4x^4-1}{2x^2+1}$

$\dfrac{(x-1)^2}{x-1}$은 간단히 정리하면 $x-1$이다. 분수식이 아닌 다항식이다.

$\dfrac{4x^4-1}{2x^2+1}=\dfrac{(2x^2+1)(2x^2-1)}{2x^2+1}=2x^2-1$ 이므로 다항식이다. 인수분해와 약분을 끝까지 계산해 분수식인지 다항식인지를 확인한다.

분자 numerator

분수 또는 분수식 $\dfrac{a}{b}$에서 a를 가리킨다.

[예] $\dfrac{3}{4}$의 3, $\dfrac{x-1}{x^2+1}$의 $x-1$은 분자이다.

비 ^{ratio}

두 수의 관계를 나타내는 것. 기호로 : 를 사용함.

예 $1:2$ → 1과 2의 비.

         2에 대한 1의 비.

         1의 2에 대한 비.

     1은 앞에 있는 항으로 전항, 2는 뒤에 있는 항으로 후항
이다. 그리고 2는 1의 2배라는 의미를 나타낸다.

비둘기집 원리 ^{pigeonhole principle}

디리클레가 1834년에 발견했다. n개의 비둘기 집에 비둘기가
$(n+1)$마리가 있을 때, 적어도 비둘기 집 1개에 2마리가 들어
가는 것이 1개 이상 존재한다는 법칙. 서랍 원리라고도 한다.

예   서울 마포구에는 머리카락의 개수가 같은 구민이 반드
시 있다(서울 마포구 인구는 약 36만 명, 사람의 평균 머리카락
수는 8만에서 10만 개이다).

366명의 사람 중 생일이 같은 사람이 적어도 1쌍은 있다
(1년을 365일로 기준).

비례배분 ^{proportional distribution}

전체의 양을 비의 값 또는 연비의 비율로 배분하는 계산 방법.

예제 700원을 상희, 효선, 지수에게 1:2:4로 나누어 주려고
한다. 세 명에게 얼마씩 나누어 주면 될까?

풀이 상희 $= 700 \times \dfrac{1}{1+2+4} = 100$ (원),

효선 $= 700 \times \dfrac{2}{1+2+4} = 200$ (원),

지수 $= 700 \times \dfrac{4}{1+2+4} = 400$ (원)

정답 상희: 100(원), 효선: 200(원), 지수: 400(원)

비례상수 ^{proportional constant}

정비례 또는 반비례 관계에서, 두 변수 x, y가 변화해도 일정
한 값을 가지는 상수.

예 정비례 함수 $y=ax$에서 a가 비례상수이다.

$y=-3x$의 -3.

반비례 함수 $y=\dfrac{a}{x}$에서 a가 비례상수이다.

$y=\dfrac{4}{x}$에서 4.

비례식 proportional expression

$a:b$와 $c:d$가 비의 값이 같음을 나타내는 등식.

이때 $a:b=c:d$ 또는 $\dfrac{a}{b}=\dfrac{c}{d}$ 로 나타낸다.

예

외항
$$1 : 5 = 2 : 10$$
내항

비례식에서 바깥에 있는 항은 외항, 안에 있는 항은 내항이다.

전항
$$1 : 5 = 2 : 10$$
후항

비례식에서 비의 앞에 있는 항은 전항, 비의 뒤에 있는 항은 후항이다.

비비아니의 정리 Viviani's theorem

1659년 이탈리아의 과학자인 빈첸조 비비아니가 발견한 정리. 정삼각형 안의 한 점에서 3개의 변에 그은 수선의 길이의 합은 높이와 같다.

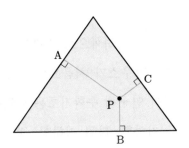
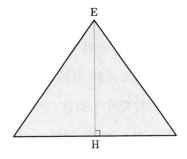

$$\overline{AP} + \overline{BP} + \overline{CP} = \overline{EH}$$

비에트의 정리 Viete's theorem

 방정식의 근과 계수의 관계를 나타낸 정리. 방정식의 입문에서 소단원에 근과 계수의 관계에 나오는 정리이기도 하다.

 이차방정식에서 비에트의 정리는 다음과 같다.

 이차방정식 $ax^2 + bx + c = 0$의 두 근을 α, β로 하면

$$\alpha + \beta = -\frac{b}{a}, \ \alpha\beta = \frac{c}{a}$$

 삼차방정식의 비에트 정리는 다음과 같다.

 삼차방정식 $ax^3 + bx^2 + cx + d = 0$의 세 근을 α, β, γ로 하면

$$\alpha + \beta + \gamma = -\frac{b}{a}, \ \alpha\beta + \beta\gamma + \gamma\alpha = \frac{c}{a}, \ \alpha\beta\gamma = -\frac{d}{a}$$

비유클리드 기하학 non-Euclidean geometry

유클리드 공간이 아닌 공간에서 다루는 기하학으로 평행선 공리만을 부정한 기하학 이론체계이다. 가우스가 처음으로 명명한 기하학이며 리만, 힐베르트, 괴델이 연구해 수학기초론에 많은 공헌을 했다. 택시 기하학, 쌍곡 기하학, 타원 기하학, 절대 기하학 등이 있다.

비율 ratio

비교하는 양을 기준량으로 나눈 것. $\dfrac{\text{비교하는 양}}{\text{기준량}}$ 으로 나타냄.

비의 값 value of ratio

비교하는 양을 기준량으로 나눈 몫.
비교하는 양을 a, 기준량을 b로 하면 $a:b$에서 비의 값은 $\dfrac{a}{b}$이다.

빗각기둥 oblique prism

옆면이 밑면에 수직이지 않은 각기둥. 옆면이 직사각형이 아닌 평행사변형 모양이다.

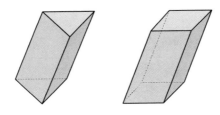

빗원뿔 oblique circular cone

원뿔의 높이와 밑면의 원의 중심이 서로 직
교하지 않는 원뿔. 직원뿔은 꼭짓점에서 내린
수선의 발이 밑면의 원의 중심과 만난다. 수
학에서는 직원뿔이 원뿔로 많이 나온다.

뺄셈 subtraction

수 또는 식을 빼는 셈법. 기호로는 −를 사용한다.

예 $3-1$, $x-8$, x^3-2x-5

Search...   Go

사각형 quadrangle

4개의 변과 4개의 꼭짓점을 가진 평면도형. 사각형의 종류로
는 사다리꼴, 평행사변형, 직사각형, 마름모, 정사각형, 연꼴 등
이 있다.

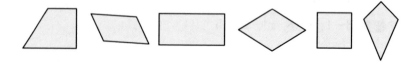

사건 event

실험 또는 시행으로 나타낸 결과.

예 주사위를 2번 던졌더니 1과 4의 눈이 차례로 나왔다.

빨간 공 3개와 파란 공 2개가 섞인 주머니에서 공을 1개

꺼냈더니 파란 공이 뽑혔다.

사다리꼴 trapezoid

마주 보는 한 쌍의 대변이 평행인 사각형.

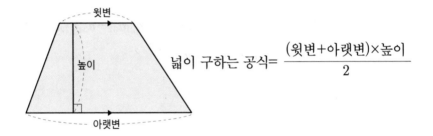

넓이 구하는 공식= $\dfrac{(윗변+아랫변)\times높이}{2}$

사루스의 법칙 Sarrus's law

3×3 정사각행렬에서 대각선 방향으로 성분을 곱한 것에서 역대각선 방향으로 성분을 곱한 것을 빼는 방법으로 행렬식을 구하는 방법.

예제 아래 행렬 A의 행렬식 $det(A)$을 구해 보자.

$$\begin{pmatrix} a_{11} & a_{12} & a_{13} \\ a_{21} & a_{22} & a_{23} \\ a_{31} & a_{32} & a_{33} \end{pmatrix}$$

행렬 A에서 2개의 열을 추가한 후 아래처럼 화살표 방향으로 성분끼리 더하고 뺀다.

$$\begin{pmatrix} a_{11} & a_{12} & a_{13} \\ a_{21} & a_{22} & a_{23} \\ a_{31} & a_{32} & a_{33} \end{pmatrix} \begin{pmatrix} a_{11} & a_{12} \\ a_{21} & a_{22} \\ a_{31} & a_{32} \end{pmatrix}$$ 화살표 방향으로 3개의 성분을 곱한 것을 모두 더한다.

$$\begin{pmatrix} a_{11} & a_{12} & a_{13} \\ a_{21} & a_{22} & a_{23} \\ a_{31} & a_{32} & a_{33} \end{pmatrix} \begin{pmatrix} a_{11} & a_{12} \\ a_{21} & a_{22} \\ a_{31} & a_{32} \end{pmatrix}$$ 화살표 방향으로 3개의 성분을 곱한 것을 모두 뺀다.

$$det(A) = a_{11}a_{22}a_{33} + a_{12}a_{23}a_{31} + a_{13}a_{21}a_{32} - a_{31}a_{22}a_{13} - a_{32}a_{23}a_{11} - a_{33}a_{21}a_{12}$$

사분면 quadrant

좌표평면 위에서 원점을 기준으로 x축과 y축에 의해서 나누어진 4개의 영역.

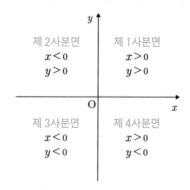

원점 O와 x축 위의 점, y축 위의 점은 어느 사분면에도 속하지 않는다.

사분위수 quartile

자료들을 차례대로 배열했을 때 4등분한 위치에 있는 자료 값을 말한다. 사분위수는 처음 $\frac{1}{4}$에 있는 수를 제1사분위수, $\frac{1}{2}\left(=\frac{2}{4}\right)$에 있는 수를 제2사분위수 또는 중앙값, $\frac{3}{4}$에 있는 수를 제3사분위수, $1\left(=\frac{4}{4}\right)$에 있는 수를 제4사분위수로 부른다.

예 자료가 1, 3, 3, 5, 6, 7, 8, 8, 9, 9, 10, 11이 있을 때 이를 배열하면

$$1 \quad 3 \quad 3 \; \bigg| \; 5 \quad 6 \quad 7 \; \bigg| \; 8 \quad 8 \quad 9 \; \bigg| \; 9 \quad 10 \quad 11 \; \bigg|$$

$\qquad\quad Q_1 \qquad\quad Q_2 \qquad\quad Q_3 \qquad\qquad Q_4$
$\qquad\quad 25\% \qquad\; 50\% \qquad\; 75\% \qquad\quad 100\%$

위처럼 순서대로 배열했을 때 Q_1은 제1사분위이며 제1사분위수는 3과 5의 평균인 4이다 Q_2는 제2사분위이며 제2사분위수는 7과 8의 평균인 7.5이다. Q_3는 제3사분위이며 제3사분위수에서 9와 9의 평균은 그대로인 9이다.

사상 mapping

함수에서 X의 원소가 Y의 원소에 대응하는 것. 사상의 종류에 따라 함수는 크게 단사 함수, 전사 함수, 전단사 함수로 분류된다.

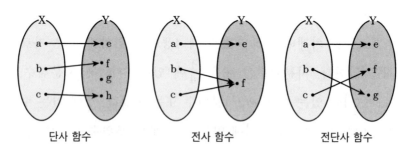

단사 함수   전사 함수   전단사 함수

사인 sine

직각삼각형에서 주어진 각에 대해 $\dfrac{높이}{빗변}$의 비로 나타낸 삼각비. 코시컨트와 역수 관계이다.

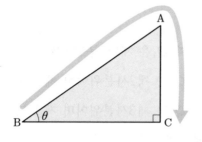

$$\sin\theta = \sin B = \frac{\overline{AC}}{\overline{AB}}$$

덧셈, 뺄셈, 곱셈, 나눗셈의 4종류의 계산 방법. 덧셈과 곱셈에는 교환법칙과 결합법칙이 성립한다. 그리고 분배법칙도 포함한다. 덧셈, 뺄셈, 곱셈, 나눗셈으로 구성된 혼합계산은 곱셈과 나눗셈을 먼저 계산하고, 덧셈과 뺄셈을 계산하며, 소괄호 ( ), 중괄호 { }, 대괄호 [ ]순으로 계산한다.

덧셈의 교환법칙

두 수 a, b에서 $a+b=b+a$가 성립한다.

곱셈의 교환법칙

두 수 a, b에서 $a \times b = b \times a$가 성립한다.

덧셈의 결합법칙

세 수 a, b, c에서 $a+(b+c)=(a+b)+c$가 성립한다.

곱셈의 결합법칙

세 수 a, b, c에서 $(a \times b) \times c = a \times (b \times c)$가 성립한다.

예제 $3 - \dfrac{1}{2} \times \left[6 - \left\{ \left(-\dfrac{1}{2} \right) \div (-1) - 5 \right\} \right]$ 를 계산하여라.

풀이 $3 - \dfrac{1}{2} \times \left[6 - \left\{ \left(-\dfrac{1}{2} \right) \div (-1) - 5 \right\} \right]$

①②③④⑤

$$= 3 - \frac{1}{2} \times \left\{ 6 - \left(\frac{1}{2} - 5 \right) \right\}$$

$$= 3 - \frac{1}{2} \times \left(6 + \frac{9}{2} \right)$$

$$= 3 - \frac{21}{4}$$

$$= -\frac{9}{4}$$

산술 arithmetic

수의 성질을 배우는 학문으로 기하학을 배우기 이전에 기본적인 셈과 관련된 응용분야까지 두루 다루는 계산 방법.

산술평균 arithmetic mean

자료를 모두 더한 후 그 개수로 나눈 값. 가장 기본적인 평균이다.

a, b, c, d의 산술평균 $= \dfrac{a + b + c + d}{4}$

산포도 degree of scattering

대푯값을 중심으로 변량의 흩어진 정도를 수치로 나타낸 것. 분산, 표준편차, 범위, 사분위 범위, 변동계수 등으로 산포도를 알 수 있다.

삼각방정식 trigonometric equation

삼각함수의 각의 크기가 미지수로 된 방정식.

예제 $0° \leq x \leq 2\pi$일 때, $\cos x = 0$을 구하여라.

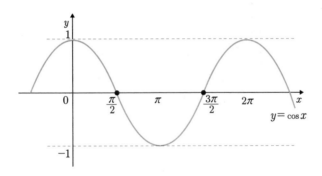

$$x = \frac{\pi}{2}, \frac{3\pi}{2}$$

삼각부등식 trigonometric inequality

삼각함수의 각의 크기가 미지수로 된 부등식.

예제 $0° \leq x \leq 2\pi$일 때 $\sin x - 2\cos^2 x + 1 > 0$을 풀어라.

$$\sin x - 2\cos^2 x + 1 > 0$$

$\cos^2 x = 1 - \sin^2 x$이므로

$$\sin x - 2(1 - \sin^2 x) + 1 > 0$$

전개하면

$$2\sin^2 x + \sin x - 1 > 0$$

부등식의 좌변을 인수분해하면

$$(\sin x + 1)(2\sin x - 1) > 0$$

$$\therefore \frac{\pi}{6} < x < \frac{5\pi}{6}$$

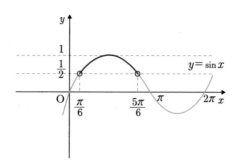

삼각비 trigonometric ratio

직각삼각형의 두 변을 선택하여 계산한 비의 값. 사인(sine),
코사인(cosine), 탄젠트(tangent), 코시컨트(cosecant), 시컨트
(secant), 코탄젠트(cotangent)가 있다.

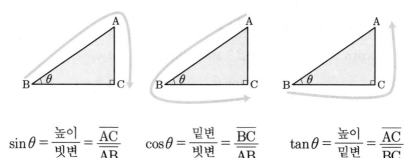

$$\sin\theta = \frac{\text{높이}}{\text{빗변}} = \frac{\overline{AC}}{\overline{AB}} \qquad \cos\theta = \frac{\text{밑변}}{\text{빗변}} = \frac{\overline{BC}}{\overline{AB}} \qquad \tan\theta = \frac{\text{높이}}{\text{밑변}} = \frac{\overline{AC}}{\overline{BC}}$$

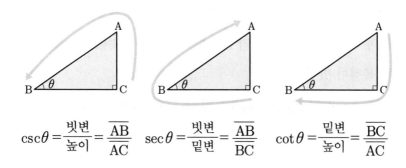

$$\csc\theta = \frac{\text{빗변}}{\text{높이}} = \frac{\overline{AB}}{\overline{AC}} \qquad \sec\theta = \frac{\text{빗변}}{\text{밑변}} = \frac{\overline{AB}}{\overline{BC}} \qquad \cot\theta = \frac{\text{밑변}}{\text{높이}} = \frac{\overline{BC}}{\overline{AC}}$$

삼각함수의 덧셈정리 angle sum identities

프톨레마이오스의 저서 《알마게스트Almagest》에 최초로 삼각
법을 설명하는 데 제시한 정리이다. 삼각함수에서 두 각의 합에
대한 것을 곱으로 바꾸어 나타낸 공식이다. 삼각비의 특수값을
알고 있으면, 이에 대해 새로운 삼각비의 값을 구할 수 있다는
장점이 있다.

$$\sin(\alpha \pm \beta) = \sin\alpha\cos\beta \pm \cos\alpha\sin\beta$$

$$\cos(\alpha \pm \beta) = \cos\alpha\cos\beta \mp \sin\alpha\sin\beta \text{ (복부호 동순)}$$

$$\tan(\alpha \pm \beta) = \frac{\tan\alpha \pm \tan\beta}{1 \mp \tan\alpha\tan\beta} \text{ (복부호 동순)}$$

삼각함수의 합성 synthesis of a triangular function

사인과 코사인의 합으로 이루어진 삼각함수를 사인함수 하나의 형태로 만드는 것. 삼각함수의 최댓값과 최솟값을 구하기 위한 목적이 있다.

$$a\sin\theta + b\cos\theta = \sqrt{a^2 + b^2}\sin(\theta + \alpha)$$

$$\left(\text{단}, \sin\alpha = \frac{b}{\sqrt{a^2 + b^2}}, \ \cos\alpha = \frac{a}{\sqrt{a^2 + b^2}} \right)$$

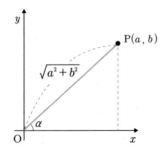

$a\sin\theta + b\cos\theta$

$$= \sqrt{a^2+b^2}\left(\frac{a}{\sqrt{a^2+b^2}}\sin\theta + \frac{b}{\sqrt{a^2+b^2}}\cos\theta\right)$$

$$= \sqrt{a^2+b^2}\,(\cos\alpha\sin\theta + \sin\alpha\cos\theta)$$

$$= \sqrt{a^2+b^2}\,\sin(\theta+\alpha)$$

삼각형 triangle

3개의 점과 3개의 변을 가진 평면도형.

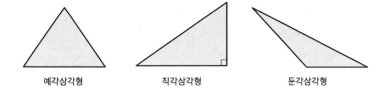

예각삼각형   직각삼각형   둔각삼각형

삼각형의 결정 조건 conditions for triangles to be determined completely

삼각형을 그릴 때 필요한 조건. 3가지가 있으며 다음 중 어느 하나를 만족하면 된다.

① 세 변의 길이가 주어진다. 단, 두 변의 길이의 합은 나머지 한 변의 길이보다 길다.

② 두 변의 길이와 그 끼인각의 크기가 주어진다.

③ 한 변의 길이와 양 끝각의 크기가 주어진다.

삼각형의 닮음 조건 conditions for triangles to be similar

삼각형의 닮음에 필요한 조건. 3개의 조건이 있다.

S는 side의 약자로 변이고, A는 angle의 약자로 각을 의미한다.

(1) 3쌍의 변이 대응비가 같을 때 → SSS 닮음

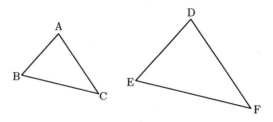

$$\overline{AB} : \overline{DE} = \overline{BC} : \overline{EF} = \overline{AC} : \overline{DF}$$

(2) 2쌍의 변의 대응비와 끼인각의 크기가 같을 때 → SAS 닮음

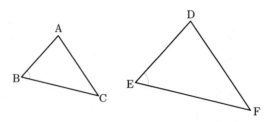

$$\overline{AB} : \overline{DE} = \overline{BC} : \overline{EF}, \quad \angle B = \angle E$$

(3) 두 개의 대응각이 같을 때 → AA 닮음

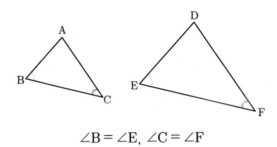

$$\angle B = \angle E, \ \angle C = \angle F$$

삼각형의 오심 five centroids of triangle

삼각형의 고유한 5가지 성질인 내심, 외심, 무게중심, 수심, 방심을 이르는 말.

삼각형의 합동 조건 conditions for triangles to be congruent

삼각형의 합동에 필요한 조건. 3개의 조건이 있다. S는 side의 약자로 변이고, A는 angle의 약자로 각을 의미한다.

(1) 대응하는 세 개의 변이 같을 때 → SSS 합동

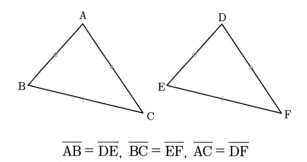

$$\overline{AB} = \overline{DE}, \ \overline{BC} = \overline{EF}, \ \overline{AC} = \overline{DF}$$

(2) 대응하는 두 변의 길이와 끼인각의 크기가 같을 때 → SAS 합동

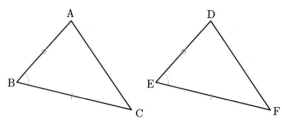

$$\overline{AB} = \overline{DE}, \ \overline{BC} = \overline{EF}, \ \angle B = \angle E$$

(3) 대응하는 한 변의 길이와 양 끝각의 크기가 같을 때 → ASA 합동

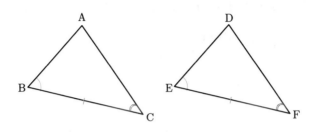

$$\overline{BC} = \overline{EF}, \ \angle B = \angle E, \ \angle C = \angle F$$

삼단논법 syllogism

소전제와 대전제로부터 결론을 이끌어내는 논리학.

예 모든 C는 B이다.

모든 A는 C이다.

그러므로 모든 A는 B이다.

삼배각의 공식 triple-angle formula

삼각함수에서 각도와 3배를 한 각도의 관계를 나타낸 삼각항 등식.

$$\sin 3x = 3\sin x - 4\sin^3 x$$

$$\cos 3x = 4\cos^3 x - 3\cos x$$

$$\tan 3x = \frac{3\tan x - \tan^3 x}{1 - 3\tan^2 x}$$

삼수선의 정리 theorem of three perpendiculars

평면 α위의 직선 l과 평면 α밖의 점 A에서 (1) $\overline{\text{AO}}$와 평면 α의 수직, (2) $\overline{\text{OB}}$와 직선 l의 수직, (3) $\overline{\text{AB}}$와 직선 l의 수직 중 어떤 2개가 성립하면 나머지 1개가 성립하는 수선에 관한 정리 이다.

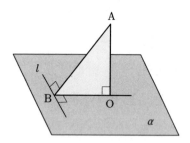

상대도수 relative frequency

전체 자료의 개수에 대한 각 계급의 해당 자료의 개수의 비율. 상대빈도라고도 한다. 상대도수의 합은 1이다.

$$상대도수 = \frac{계급의\ 해당\ 자료의\ 개수}{전체\ 자료의\ 개수}$$

상대도수분포다각형 relative frequency distribution polygon

상대도수의 분포를 꺾은선 그래프로 나타낸 것.

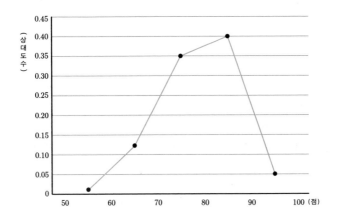

상대도수분포표 relative frequency distribution

계급, 도수와 함께 상대도수의 분포를 표로 나타낸 것.

시험 점수(점)	도수(명)	상대도수
50(이상)~60(미만)	1	0.02
60(이상)~70(미만)	7	0.14
70(이상)~80(미만)	19	0.38
80(이상)~90(미만)	20	0.40
90(이상)~100(미만)	3	0.06
합 계	50	1

상수 constant

방정식이나 함수 등에서 고정된 숫자 또는 문자. 미지수를 제외한 숫자 또는 문자가 된다.

예 문자식 $2x+6$에서 x는 미지수로 변하지만 2, 6은 고정된 값으로 상수이다.

함수 $y=ax+b$와 $y=ax^2+bx+c$을 나타낼 때 미지수(변수)인 x, y를 제외한 문자인 a, b, c는 상수이다.

상수항 constant term

상수만으로 이루어진 항.

예 $7x^5+3x^2-2x+1$에서 1은 상수항이다.

$\dfrac{2}{3}x^4-x+\dfrac{1}{2}$에서 $\dfrac{1}{2}$은 상수항이다.

상용로그 common logarithm

밑을 10으로 하는 로그. 진수를 x, 밑을 10으로 하여 $\log_{10}x$ 로 나타낸다. 밑인 10을 생략하여 $\log x$로 나타내기도 한다.

서로소 relatively prime

2개 이상의 자연수가 1 이외의 공약수를 갖지 않는 관계.

예 4와 7은 1 이외의 약수가 없으므로 서로소이다.

5와 6과 7은 1 이외의 약수가 없으므로 서로소이다.

선대칭 line symmetry

도형을 직선인 대칭축에 의해 접었을 때 겹쳐지는 것. 대칭축을 중심으로 도형의 좌우의 모양이 같으며, 합동이다.

대칭축

선대칭 도형 symmetric figure with respect to line

선대칭으로 완성되는 도형.

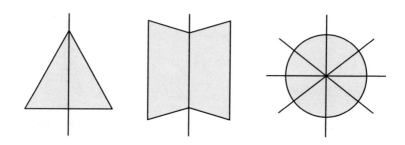

선분 segment

점과 점 사이를 이은 곧은 선. 선분은 길이를 잴 수 있다. 선분
AB는 $\overline{AB}$로 나타낸다.

A   B

세제곱근 cubic root

a라는 수가 x를 3번 제곱한 수와 같을 때 x를 가리킴.
$x^3=a$에서 $x=\sqrt[3]{a}$ 가 세제곱근이다.

소거법 elimination method

없앨 미지수를 미리 결정한 후, 제거하여 푸는 연립방정식의 풀이 방법.

예제
$$\begin{cases} 3x + 5y = 8 \\ 3x - 2y = 1 \end{cases}$$

풀이
$$\begin{cases} 3x + 5y = 8 & \cdots ① \\ 3x - 2y = 1 & \cdots ② \end{cases}$$

①−②를 하면

$$7y = 7$$

양변을 7로 나누면

$$y = 1$$

$y=1$을 ① 또는 ②에 대입하면

$$x = 1$$

따라서 $x=1$, $y=1$

소괄호 parentheses

가장 작은 단위로 수식을 묶는 가장 작은 괄호. ( )로 표기. 계산 순서를 명확히 하기 위해 사용하며, 인수분해의 인수를 묶을 때도 사용한다.

예 $4 + \left(\dfrac{5}{2} - 9\right) \times (2.5 + 6)$

$$m \times a + m \times b + m \times c = m(a+b+c)$$

소수 prime number

1보다 큰 자연수로, 1과 자신이 약수인 수. 약수의 개수는 2이다.

예 2는 1과 2가 약수이며, 1과 자신이 약수이므로 소수이다.

소수 decimal

정수와 소수점을 이용해 나타내는 수. 소수는 크게 유한소수와 무한소수가 있다. 유한소수는 유리수로 나타낼 수 있으며, 무한소수는 유리수 또는 무리수로 나타낼 수 있다.

예 0.5는 유한소수이며, 유리수 $\frac{1}{2}$로 나타낼 수 있다.

π는 3.141592…인 무한소수이며, 무리수이다.

0.3333…은 무한소수이며, 유리수 $\frac{1}{3}$로 나타낼 수 있다.

소수점 decimal point

정수의 숫자와 소수의 숫자를 구분하기 위해 표시하는 점.

예　123.725
　　　　↑
　　　소수점

소인수 ^{prime factor}

인수 중에서 소수인 것.

예　6=2×3에서 6의 인수는 2와 3이다. 따라서 2와 3은 소
인수이다.

18=2×3²에서 18의 인수는 2와 3이다. 따라서 2와 3은
소인수이다.

소인수분해 ^{prime factorization}

자연수를 소인수의 곱 또는 거듭제곱으로 나타내는 것.

예　66=2×3×11

108=2²×3³

속도 ^{velocity}

움직이는 물체의 속력과 방향을 함께 나타내는 물리량. 속도
는 평균속도와 순간속도가 있다.

평균속도: 단위 시간당 움직이는 물체의 변위 $\dfrac{\Delta \vec{s}}{\Delta t}$

순간속도: 짧은 시간 동안 움직이는 물체의 변위

$$\vec{v} = \lim_{\Delta t \to 0} \frac{\Delta \vec{s}}{\Delta t} = \frac{d\vec{s}}{dt}$$

속력 speed

시간당 움직인 거리. 속력의 단위는 km/h, m/m, m/s 등 여러 가지가 있으며 구하는 공식은 다음과 같다.

$$속력 = \frac{거리}{시간}$$

예

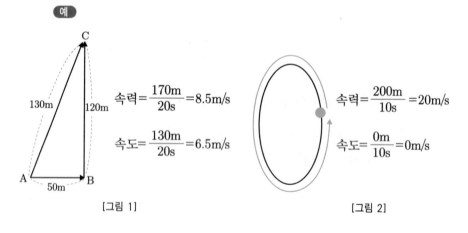

[그림 1]

속력 $= \dfrac{170\text{m}}{20\text{s}} = 8.5\text{m/s}$

속도 $= \dfrac{130\text{m}}{20\text{s}} = 6.5\text{m/s}$

[그림 2]

속력 $= \dfrac{200\text{m}}{10\text{s}} = 20\text{m/s}$

속도 $= \dfrac{0\text{m}}{10\text{s}} = 0\text{m/s}$

[그림 1]은 점 A에서 점 C로의 이동거리를 170m와 130m의 2가지의 경우일 때 20초 동안의 속력과 속도의 차이를 나타낸 것이다.

[그림 2]는 둘레가 200m인 트랙을 10초 동안에 속력과 속도
의 차이를 나타낸 것이다.

함수 또는 수열의 변수가 점점 증가하거나 감소할 때 극한값
에 가까워지는 것.

리미트^{limit}를 기호로 사용하여 나타낸다. 무한수열 a_n에서
n이 무한대에 가까워질 때 α값에 가까워진다면 이를 기호로 나
타내면 다음과 같다.

$$\lim_{n \to \infty} a_n = \alpha$$

직선이나 평면과 직각으로 만나는 직선.

수선이 직선 또는 평면과 만나는 점.

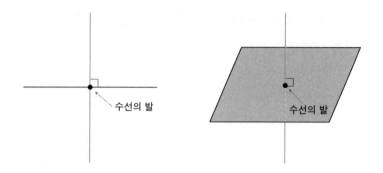

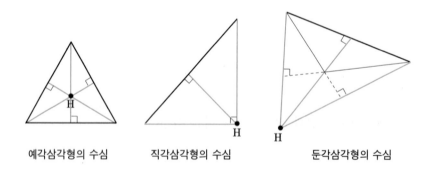

예각삼각형의 수심   직각삼각형의 수심   둔각삼각형의 수심

수심 orthocenter

삼각형의 3개의 꼭짓점에서 각 대변에 내린 수선들의 교점. H
로 표시한다.

수직 vertical

직선과 직선, 직선과 평면, 평면과 평면 사이에 직각을 이룰

때. 기호는 ⊥를 사용한다.

직선끼리 수직 $m \perp l$ 직선과 평면이 수직 $l \perp P$ 평면끼리 수직 $P \perp Q$

수직선 number line

실수를 일정한 간격의 눈금으로 나타낸 직선.

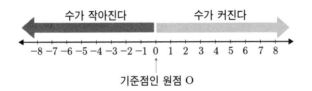

수직이등분선 perpendicular at midpoint

하나의 선분과 수직 관계이면서
중점을 지나는 직선.

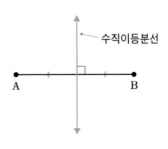

195

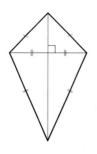 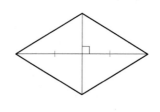 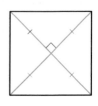

연꼴, 마름모, 정사각형도 수직이등분선이 있다.

수직축 vertical axis

좌표평면의 세로축으로 y축이며, 함수의 종속변수 위치를 나타낸다.

수평축 horizontal axis

좌표평면의 가로축으로 x축이며, 함수의 독립변수 위치를 나타낸다.

수학적 귀납법 mathematical induction

모든 자연수에 대해 명제가 성립되도록 증명하는 연역법 중 하나. 수학에 많이 쓰이는 증명 방법으로, 명제가 n일 때 성립한다면 $n+1$을 적용하여 성립하면 일반화된 증명이 된 것이다.

순서도 flowchart

기호와 연결선으로 알고리즘의 흐름을 나타낸 그림이다.

기호	의미
(타원형/모서리 둥근 사각형)	순서도의 시작과 끝 기호
(직사각형)	자료의 입출력 처리 기호
(육각형)	변수의 초기화 및 단계 표시 기호
(마름모)	선택과 판단 기호
(아래가 물결 모양인 사각형)	인쇄 기호
(화살표)	순서도의 흐름을 표기하는 기호

순서쌍 ordered pair

좌표평면 위의 점들을 짝 지은 것. x축과 y축 위의 점이 짝을 지으면 $(3, 4)$, $(5, 7)$과 같은 방법으로 묶음으로 표시한다. x축, y축, z축의 공간좌표의 점은 $(-1, 2, 5)$, $(6, -4, 7)$과 같은 방법으로 나타낸다.

순순환소수 pure recurring decimal

순환마디가 소수 첫째 자리부터 시작하는 순환소수.

예 $0.222222222\cdots$, $0.714714714\cdots$ 등.

순열 permutation

서로 다른 n개에서 r개를 중복 없이 뽑아서 일렬로 나열하는 것. $_nP_r$로 나타내며, $n \times (n-1) \times (n-2) \times \cdots \times (n-r+1)$ 또는 $\dfrac{n!}{(n-r)!}$로 계산한다.

예 성희, 민주, 제하, 현성 등 4명의 학생 중에 조장과 부조장을 뽑는 방법의 수는 $_4P_2 = 4 \times 3 = 12$(가지)

순환마디 repetend

순환소수에서 소수점 아래 반복되는 숫자.

예 0.1111111111…에서 1이 순환마디이다.

0.285714285714…에서 285714가 순환마디이다.

순환소수 repeating decimal

소수점 아래 숫자가 어떤 자리부터 규칙적으로 반복하는 무한
소수.

예 0.3333333333…, 0.171717, 5.96444… 등

스튜어트의 정리 Stewart's theorem

삼각형의 한 꼭짓점을 대변 위의 한 점과 연결한 선분과 삼각
형의 세 변의 길이의 관계를 나타낸 정리. 즉 삼각형 안의 1개
의 선분과 세 변의 길이에 관한 정리이다.

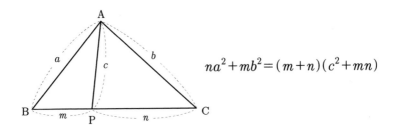

$$na^2 + mb^2 = (m+n)(c^2 + mn)$$

시컨트 secant

직각삼각형에서 주어진 각에 대해 $\dfrac{빗변}{밑변}$의 비로 나타낸 삼각비. 코사인과 역수 관계이다.

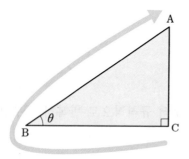

$$\sec\theta = \sec\mathrm{B} = \dfrac{\overline{\mathrm{AB}}}{\overline{\mathrm{BC}}}$$

시행 experiment

동일한 조건의 반복할 수 있는 실험 또는 관찰.

예 동전을 던지면 앞면 또는 뒷면이 나온다. 여러 번 던지면 여러 번 시행한 것이다.

식의 값 numerical value of expression

문자식에 숫자를 대입하여 구한 값.

예

$x=1$ 대입

$$2x^2+7=2\times1^2+7$$
$$=9$$

실수 real number

무수히 많은 유리수와 무리수의 집합 체계. 19세기에 수학자 바이어슈트라스는 실수를 지금과 같이 분류 및 체계화했다. '데데킨트의 절단'이라는 정리에서는 실수는 무수히 많은 유리수와 무리수로 구성되었고, 무리수가 유리수보다 더 많다고 했다.

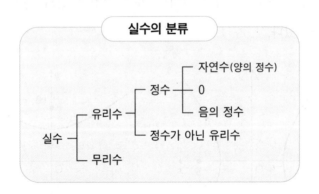

실수의 분류

실수 ─┬─ 유리수 ─┬─ 정수 ─┬─ 자연수(양의 정수)
　　　　　　　　　　　　　├─ 0
　　　　　　　　　　　　　└─ 음의 정수
　　　　　　　　　└─ 정수가 아닌 유리수
　　　└─ 무리수

십진법 decimal system

10의 기수법으로 0, 1, 2, 3, 4, 5, 6, 7, 8, 9로 나타내는 수 체

계. 자릿수가 하나씩 올라갈 때마다 10배씩 커진다.

4259에서 4는 천의 자릿수를, 2는 백의 자릿수를, 5는 십의 자릿수를, 9는 일의 자릿수를 의미한다.

쌍곡선의 방정식 equation of hyperbola

두 초점 F와 F´에서 거리의 차가 일정한 점의 자취. 2가지 유형이 있다.

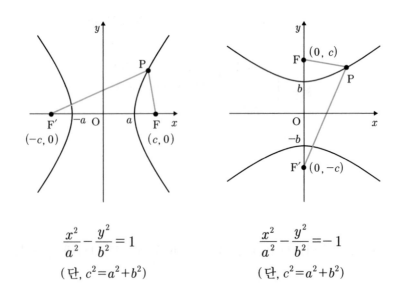

$$\frac{x^2}{a^2} - \frac{y^2}{b^2} = 1$$
$$(단, c^2 = a^2 + b^2)$$

$$\frac{x^2}{a^2} - \frac{y^2}{b^2} = -1$$
$$(단, c^2 = a^2 + b^2)$$

쌍둥이 소수 twin primes

연속한 2개의 홀수가 소수가 되는 수.

예 3과 5, 11과 13

쌍조건문 biconditional

$p \leftrightarrow q$로 나타내며, p이면 q이고, q이면 p가 되는 합성명제.
p와 q는 동치라는 것과도 같은 의미이다.

人

Search...   Go

아르키메데스 Archimedes, 기원전 287~212

고대 시칠리아 지방 시라쿠사 출신의
과학자이자 철학자, 수학자. '아르키메데
스의 원리'로 유명하며 실진법으로 적분
에 많은 영향을 주었다.

아리스타르코스 Aristarchos, 기원전 310~230

고대 그리스의 수학자이자 천문학자. 논문 〈태양과 달의 크기
와 거리에 관하여〉로 유명하다. 이 논문에서는 피타고라스 정리
를 이용하여 지구에서 달, 그리고 지구에서 태양까지의 거리의

비를 계산했다. 지동설과 공전 주기를 1년으로 주장한 것으로도 유명하다.

아리스토텔레스 Aristoteles, 기원전 384~322

고대 그리스의 철학자, 논리학자. 플라톤의 제자였으며, 그의 형이상학은 수학에 많은 영향을 주었다. 또한 동물학과 스콜라 철학도 중세에서 현대에 이르기까지 과학과 철학에 이바지했으며, 자연과학에 대한 그의 세계관은 뉴턴의 물리학에 영향을 주었다.

알고리즘 algorithm

수학 또는 프로그래밍 언어에서 일련의 처리와 과정의 흐름을 공식화한 것.

알콰리즈미 780~850

페르시아의 수학자이며, 대수학에 많은 영향을 끼쳤다. 인도수학을 바탕으로 한 계산법이 소개된 저서 《산술》도

유명하다. 삼각법으로 수학계의 발전에 기여했다.

야드 ^{yard}

야드-파운드 법의 길이 단위로 미국과 영국에서 많이 사용한다. yd로 줄여서 단위기호를 나타낸다.

1야드＝3피트＝36인치＝0.9144m

약분 ^{reduction}

분모와 분자를 같은 공약수로 나누어 간단히 하는 것. 더 이상 분모와 분자가 공약수가 없을 때까지 나누어야 약분을 마친 것이다.

예 $\frac{4}{8}$를 약분하기 위해서는 8과 4의 공약수로 나눈다. 공약수는 1, 2, 4인데 1로 나누면 그대로이고, 2로 나누면 $\frac{2}{4}$이다. 이를 다시 2로 나누면 $\frac{1}{2}$이다.

$$\frac{4}{8} = \frac{4 \div 4}{8 \div 4} = \frac{1}{2}$$

약수 divisor

정수를 나누어떨어지게 하는 인수.

예 24를 나누어떨어지게 하는 인수는 1, 2, 3, 4, 6, 8, 12, 24이다. 이 인수들이 약수이다.

양변 both sides

등식과 부등식의 좌변과 우변을 함께 지칭하는 말.

예
$$3x^2 + 7x = 6$$
좌변 　 우변
└─ 양변 ─┘

$$2x < 9$$
좌변　우변
└─ 양변 ─┘

양수 positive number

0보다 큰 실수. 실수에 양의 부호(+)를 붙일 때도 있으며, 생략할 때도 있다.

예 $+1$, $+2.44$, $+\sqrt{47}$, $+\dfrac{4}{7}$

양의 부호 positive sign

양수임을 나타낼 때 사용하는 기호, +이며, 숫자 앞에 양의 부호가 없어도 양수이다.

양의 유리수 _{positive rational number}

유리수 중에서 0보다 큰 수.

예 $+\dfrac{1}{2}, +\dfrac{6}{7}, +4$

위의 3개의 양수는 양의 유리수이다. $+4$는 $+\dfrac{8}{2}, +\dfrac{12}{3}, \cdots$
등 여러 양의 유리수로 나타낼 수 있으므로 양의 유리수
이다. 즉, 양의 정수⊂양의 유리수의 관계인 것이다.

양의 정수 _{positive integer}

정수 중에서 0보다 큰 수. 자연수로도 부른다.

예 $+1, 3, 4, +10$

양함수 _{explicit function}

$y=f(x)$의 형태로 나타내는 함수. 종속변수 y가 독립변수 x에
의해 결정되는 함수이다.

예 $y = 2x - 1, \ y = 4x^2 + 7x + 10, \ y = 3\cos x, \ y = \sqrt{1 - x^2}$

엇각 alternate interior angles

두 직선과 한 직선이 만났을 때, 안쪽으로 엇갈린 방향으로 마주 보는 각.

∠a와 ∠d, ∠b와 ∠c는 서로 엇각이다. 직선 m과 n이 평행하면 엇각의 크기는 서로 같다.

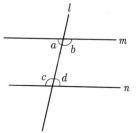

에라토스테네스의 체 Eratosthenes' sieve

에라토스테네스가 개발한 소수를 찾는 방법. 1에서 100까지 소수를 찾을 때 다음 순서로 구한다.

에라토스테네스의 초상

① 숫자 1에 사선을 표시한다.

② 숫자 2를 제외한 2의 배수에 모두 사선을 표시한다.

③ 숫자 3을 제외한 3의 배수에 모두 사선을 표시한다.

④ 숫자 5를 제외한 5의 배수에 모두 사선을 표시한다.

⑤ 숫자 7을 제외한 7의 배수에 모두 사선을 표시한다.

⑥ 숫자 11을 제외한 11의 배수에 모두 사선을 표시한다.

⑦ 위의 과정을 계속 반복한 뒤 사선을 표시한 숫자를 제외한 숫자에 ○을 표시하면 그 숫자들이 소수이다.

1 ② ③ 4 ⑤ 6 ⑦ 8 9 10
⑪ 12 ⑬ 14 15 16 ⑰ 18 ⑲ 20
21 22 ㉓ 24 25 26 27 28 ㉙ 30
㉛ 32 33 34 35 36 ㊲ 38 39 40
㊶ 42 ㊸ 44 45 46 ㊼ 48 49 50
51 52 ㈤③ 54 55 56 57 58 ㈤⑨ 60
⑥① 62 63 64 65 66 ⑥⑦ 68 69 70
⑦① 72 ㈦③ 74 75 76 77 78 ㈦⑨ 80
81 82 ㈧③ 84 85 86 87 88 ㈧⑨ 90
91 92 93 94 95 96 ㈨⑦ 98 99 100

여집합 complement

전체집합에서 어떤 집합을 뺀 나머지 집합. 전체집합 U의 부분집합인 A가 있을 때, A가 아닌 집합은 A^c으로 표시하며, 여집합으로 부른다.

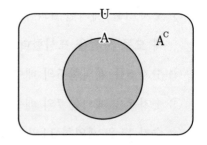

역 converse

명제 '$p{\rightarrow}q$이다.'를 '$q{\rightarrow}p$이다.'로 바꾼 것. '자연수는 실수이다.'는 '$p{\rightarrow}q$이다.'로 나타내면 옳은 명제이다. 역으로 바꾸면 '$q{\rightarrow}p$이다.'로 바꾸어지고, '실수는 자연수이다.'가 되어 거짓 명제가 된다.

역삼각형 an inverted triangle

위아래를 뒤집어 놓은 삼각형.

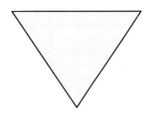

역수 inverse number

곱해서 1이 되는 두 수를 서로 이르는 말.

예 2라는 숫자에 곱해서 1이 되는 수를 생각하면 $\frac{1}{2}$이다. 따라서 2는 $\frac{1}{2}$과 서로 역수 관계이다.

역원 inverse

어떤 수에 대해 더해서 0이 되거나 곱해서 1이 되는 수. 덧셈에 대한 역원과 곱셈에 대한 역원이 있다. 4의 덧셈에 대한 역원은 -4, 곱셈에 대한 역원은 $\frac{1}{4}$이다.

역함수 inverse function

함수의 대응 방향이 거꾸로 되는 함수. $f:X{\rightarrow}Y$의 역함수는 $f^{-1}:Y{\rightarrow}X$. 역함수가 되기 위한 조건은 원래 함수가 일대일 대응이어야 한다.

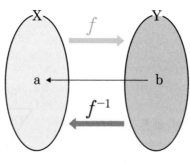

$f(a)=b$의 역함수 $f^{-1}(b)=a$

역행렬 inverse matrix

곱셈에 대한 역원으로 구한 행렬.

이차 정사각행렬 $A = \begin{pmatrix} a & b \\ c & d \end{pmatrix}$ 일 때,

역행렬 $A^{-1} = \dfrac{1}{ad-bc} \begin{pmatrix} d & -b \\ -c & a \end{pmatrix}$ 이다.

(단, $ad-bc{\neq}0$)

연립방정식 <small>system of equations</small>

2개 이상의 미지수를 가진 방정식을 2개 이상 나란히 배열한 방정식.

예

$$\begin{cases} x + 4y = 9 \\ 2x - 3y = 7 \end{cases} \qquad \begin{cases} a + b + c = 6 \\ 2a - b + 3c = 2 \\ 4a + 8b - 5c = -1 \end{cases} \qquad \begin{cases} x^2 + y^2 = 9 \\ x - y = 3 \end{cases}$$

연립부등식 <small>system of Inequalities</small>

2개 이상의 부등식을 나란히 배열한 부등식. 연립부등식은 연립방정식과 다르게 미지수 1개와 부등식 2개로도 식을 세울 수 있다.

예

$$\begin{cases} y^2 > 6x \\ x + y \leq 7 \end{cases} \qquad \begin{cases} 3x \leq 7 \\ x > 1.5 \end{cases} \qquad \begin{cases} 3x + y^2 \leq 7 \\ 2xy + y > 5 \\ x < 9 \end{cases}$$

연분수 <small>continued fraction</small>

실수를 분수의 연속 형태로 나타낸 것. 번분수를 이용하여 구한다.

예 유리수 $\dfrac{19}{15}$를 연분수로 나타내면 $1 + \dfrac{1}{3 + \dfrac{1}{1 + \dfrac{1}{3}}}$ 이다.

무리수 π는 무한 연분수 형태로 다음처럼 나타낸다.

$$\pi = 3 + \cfrac{1^2}{6 + \cfrac{3^2}{6 + \cfrac{5^2}{6 + \cfrac{7^2}{6 + \cfrac{9^2}{6 + \ddots}}}}}$$

연비 continued ratio

3개 이상의 비를 나란히 나타낸 것.

예 상호, 희진, 미애의 키는 각각 134cm, 140cm, 141cm 이다.

이를 연비로 나타내면, 상호 : 희진 : 미애 = 134 : 140 : 141

열호 inferior arc

중심각의 크기가 $180°$ 미만인 호.

$\overset{\frown}{AB}$ 가 열호이다.

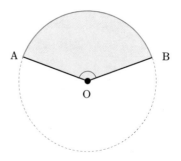

영 zero

숫자에서 십진법과 소수, 계산에 많이 쓰이는 것. 비어 있는 자릿수를 나타내기 위해 오래전부터 연구되었으며, 인도에서 최초로 발견한 것으로 알려졌다. 소수의 자릿수에도 쓰이며, 수직선과 좌표평면에도 0은 원점의 표시로 많이 쓰인다. 또한 정수를 음의 정수, 0, 양의 정수로 분류할 때에도 0이 사용된다.

옆면 side face

전개도를 가진 입체도형에서 밑면을 제외한 면. 구 또는 반구는 전개도가 없으므로 옆면이 없다.

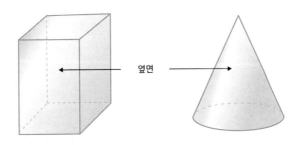

옆면

예각 acute angle

각의 크기가 90° 미만인 각.

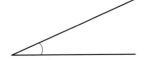

예각삼각형 acute triangle

세 내각의 크기가 모두 예각인 삼각형.

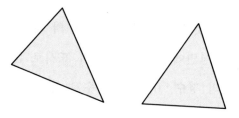

오름차순 ascending power

다항식을 차수가 낮은 것부터 높은 것으로 차례로 나열하는 것. 승멱순이라고도 한다.

예 x^5+x^3+1을 $1+x^3+x^5$으로 나열하면 x의 차수에 따라 오름차순으로 한 것이다.

오목다각형 concave polygon

$180°$ 보다 크고 $360°$ 보다 작은 내각이 하나 이상 있는 다각형.

오일러 Leonhard Euler, 1707~1783

스위스의 천문학자, 물리학자, 수학 자. 오일러의 수와 오일러의 정리를 비롯하여 정수론과 대수학에 많은 업 적을 쌓았으며, 삼각함수의 기호인 사 인(sin), 코사인(cos), 탄젠트(tan)를 고 안했다. 한붓그리기, 기하학과 미적분 학, 변분법 등에도 뛰어난 성과를 남겼다.

오일러의 공식 Euler's formula

오일러가 발견한 공식으로 복소수에서 지수함수와 삼각함수 의 관계를 나타낸 것.

$$e^{ix} = \cos x + i \sin x$$

오일러의 다면체 정리 ^{Euler's polyhedron formula}

점의 개수에서 모서리의 개수를 빼고 면의 개수를 더한 것은 2가 된다는 오일러가 발견한 다면체의 정리. 점의 개수를 v, 모서리의 개수를 e, 면의 개수를 f로 할 때, $v-e+f=2$ 공식이 성립한다.

> **예** 정십이면체는 $v=20$, $e=30$, $f=12$이며 $v-e+f=$ $20-30+12=2$가 성립한다.

오일러의 등식 ^{Euler's equation}

오일러의 공식에서 x에 π를 대입한 등식. 가장 아름다운 식으로도 불린다. 수식으로 나타내면 $e^{i\pi}=-1$.

$$e^{ix} = \cos x + i \sin x$$

$x = \pi$를 대입하면

$$e^{i\pi} = -1$$

오차 ^{error}

근삿값과 참값의 차이.

> **예** 정훈이의 키는 134cm이다. 실제로 측정했더니 133.89cm이다. 오차는 근삿값에서 참값의 차이이므로 $134 - 133.89 = 0.11\text{(cm)}$가 된다.

오차의 한계 ^{limit of error}

오차의 최대 범위의 절댓값. 오차의 한계는 측정계기를 이용했을 때는 최소눈금 $\times \frac{1}{2}$ 로 구할 수 있다.

> **예** 측정계기로 최소눈금이 10g인 200g짜리 추를 쟀을 때:
> $10 \times \frac{1}{2} = 5(\text{g})$

올림 ^{rounding up}

구하려는 자릿수를 한자리 아랫수에 따라 1만큼 올려주는 어림 방법. 한자리 아랫수가 0일 때를 제외하고는 구하려는 자릿수를 1만큼 올려준다.

> **예** 211를 십의 자리까지 올림하면 220이다. 5600을 백의 자리까지 올림하면 그대로 5600이다.

완전제곱식 ^{perfect square expression}

다항식의 제곱으로 구성된 식.

> **예** $(x+3)^2,\ 2\left(x - \frac{4}{3}\right)^2,\ -\frac{5}{24}(y-z)^2$

외각 an exterior angle

다각형의 한 변과 이웃한 변의 연장선이 이루는 바깥의 각.

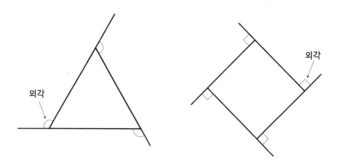

외각의 합은 항상 $360°$ 이다.

외분점 externally dividing point

선분의 외부를 일정한 비로 나누는 점. 아래 그림처럼 $\overline{AB}$ 를 나누는 점 P를 말한다. 점 $A(x_1, y_1)$, 점 B를 (x_2, y_2)로 하면 $m > n$일 때와 $m < n$일 때의 두 가지로 나눌 수 있다.

$m > n$일 때, 외분점 P를 구하는 공식 $\left(\dfrac{mx_2 - nx_1}{m - n}, \ \dfrac{my_2 - ny_1}{m - n} \right)$

$n > m$일 때, 외분점 P를 구하는 공식 $\left(\dfrac{mx_2 - nx_1}{m - n}, \dfrac{my_2 - ny_1}{m - n} \right)$

$m > n$일 때와 $m < n$일 때는 조건이 다르지만 외분점 P를 구하는 공식은 같다.

외심 circumcenter

도형에서 변의 수직이등분선의 교점. 아래 그림처럼 외심을 O로 표시한다.

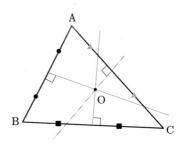

아래 그림처럼 외심 O에서 삼각형의 각 꼭짓점에 그은 변의 길이는 모두 같다. 그리고 외접원을 그릴 수 있다.

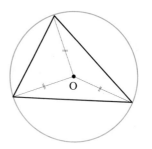

외접 circumscription

평면도형의 바깥쪽에 다른 도형이 접해 있는 것.

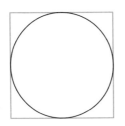
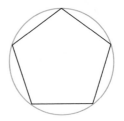

외접구 circumscribed sphere

입체도형과 외접하는 구. 몇 개의 꼭짓
점을 포함한다.

외접다각형 circumscribed polygon

원의 바깥쪽에 접하는 다각형.

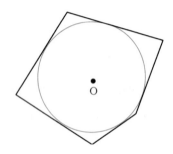

외접원 circumscribed circle

(1) 다각형의 모든 꼭짓점을 가진 원. 외심의 성질에 의해 외접
원을 그릴 수 있다.

(2) 원 밖의 한 점에서 만나는 더 큰 원.

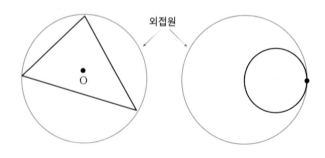

외접원

우변 right side

등식 또는 부등식에서 오른쪽에 있는 변.

예 $\underset{\text{좌변}}{\underline{3x^2+7x}} = \underset{\text{우변}}{\underline{4x+19}}$

우변은 $4x+19$이다.

우호 major arc

중심각의 크기가 $180°$ 초과 $360°$ 미만인 호.

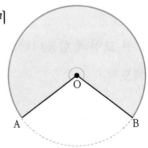

원 circle

한 점 O에서 일정한 거리에 있는 점들의 자취.

O는 원의 중심이다.

반지름의 길이$\times 2 =$ 지름의 길이

원의 넓이$= \pi r^2$

원주(원의 둘레)$= 2\pi r$

원그래프 pie chart

원 전체에서 해당비율을 부채꼴 모양으로 구현한 그래프.

예 오른쪽 그래프는 어느 학교의
좋아하는 과일에 대한 학생 수
비율을 원그래프로 나타낸 것
이다.

원기둥 cylinder

원 모양의 합동이면서 평행한 두 밑면을 가진 기둥 모양의 입
체도형.

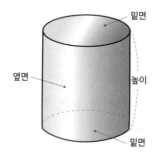

원뿔 cone

1개의 원 모양의 밑면과 곡면의 옆면을 가진 뿔 모양의 입체
도형.

원뿔은 빗원뿔과 직원뿔의 2가지가 있으며, 예시로는 직원뿔

이 가장 많이 나온다.

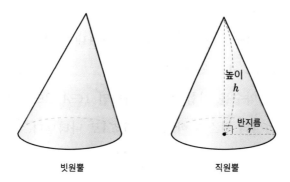

빗원뿔   직원뿔

원뿔대 circular truncated cone

  원뿔을 밑면에 평행한 직선으로 잘랐을 때 생기는 두 부분 중
아랫부분. 전등갓 모양이다. 1쌍의 밑면은 서로 크기가 다르며,
평행이다.

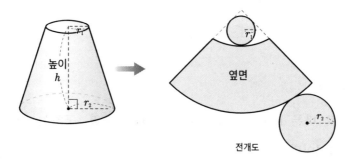

전개도

원소 ^{element}

집합을 이루는 낱개.

예 4의 약수를 원소나열법으로 나타내면 {1, 2, 4}이다. 이
때 1, 2, 4는 원소이다.

4의 약수를 집합 A로 표기하면 $1 \in A$, $2 \in A$, $4 \in A$이며,
5는 A의 원소가 아니므로 $5 \notin A$로 나타낸다.

원소나열법 ^{tabular form}

집합의 원소를 중괄호 { } 안에 넣어서 차례대로 나타내는 것.

예 10의 약수는 중괄호를 사용하여 {1, 2, 5, 10}으로 나
타내며, 5의 배수는 {5, 10, 15, …}로 나타낸다. 원소나
열법은 이처럼 유한집합일 때는 차례대로 숫자로 나타
낼 수 있지만 무한집합일 때는 원소의 일부를 표기하고,
'…'를 사용한다.

원순열 ^{circular permutation}

서로 다른 n개를 원형으로 배열하는 순열. 구하는 공식은
$(n-1)!$이다.

원점 origin

수직선, 좌표평면, 공간좌표의 기준이 되는 점. 원점은 O로 표
시한다.

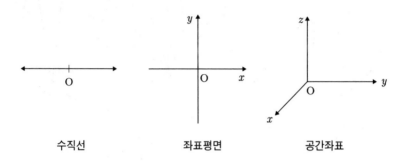

수직선　　　　　　좌표평면　　　　　　공간좌표

원주 circumference

원의 둘레. 구하는 공식은 $2\pi r$이다.

원주각 inscribed angle

원호의 양 끝점과 원호 밖의 한 점을 잇는 2개의 직선이 이루
는 각.

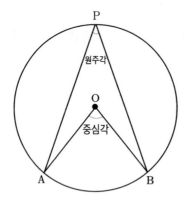

중심각의 크기는 원주각의
크기의 2배이다.

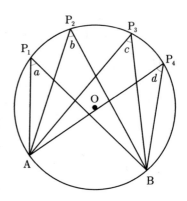

같은 호($\widehat{AB}$)에 대한
원주각의 크기는 같다.
($\angle a = \angle b = \angle c = \angle d$)

원주율 pi

원주를 지름으로 나눈 비의 값. π로 표기하며, 3.141592653 58979323846264338327950288419716939⋯로 무한소수이다. 근삿값 3.14로 계산하기도 한다.

유계 bounded

미적분과 수열, 위상기하학에서 제한 범위. 유계는 무한한 수의 세계를 한정시키는 범위이다. x를 자연수의 집합으로 갖는 $y=x+1$의 함수에서 정의역 x의 범위가 정해지지 않으면 해는 무한한 원소이다. 자연수의 개수는 무수히 많기 때문이다. 그러나 x의 유계를 10으로 정하면 1부터 10까지의 자연수로 해가 10개가 된다. 이처럼 유계는 해의 개수에 관하여 어느 정도 정할 수 있게 한다. 적분에서도 유계가 없다면 적분값을 정할 수 없지만 적분 범위라는 하나의 유계가 넓이와 부피를 구할 수 있게 한다.

유리수 rational number

정수 a를 0이 아닌 정수 b로 나눈 몫인 $\dfrac{a}{b}$로 나타낸 수.

예 $-2, \dfrac{11}{4}, -\dfrac{5}{6}$

위의 수에서 -2가 유리수인 것은 $-\dfrac{2}{1}$로도 나타낼 수 있기 때문이다.

유클리드 기하학 Euclidean geometry

기원전 300년경 유클리드가 측량 기술을 통한 경험으로 얻은 도형에 관해 정리한 학문 체계. 다음은 유클리드 기하학의 내용이다.

(1) 점 사이를 연결하는 직선은 오직 하나이다.

(2) 선분을 연장하면 양 끝으로 얼마든지 그려 나갈 수 있다.

(3) 점 1개를 중심으로 하고 일정한 거리인 반지름으로 원을 그릴 수 있다.

(4) 직각은 모두 서로 같다.

(5) 두 직선이 한 직선과 만나서 생기는 2개의 내각의 합이 $180°$보다 작으면 연장했을 때 반드시 만난다.→ 평행선 공리

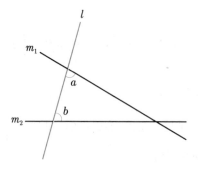

$\angle a + \angle b < 180°$이면 두 직선 m_1과 m_2를 연장할 때 반드시 만난다.

유한소수 a finite decimal

소수점 아래의 자릿수가 유한개인 소수.

예 0.23, 0.918, 0.2144는 소수점 아래 자릿수가 각각 2개,

3개, 4개이다.

유한집합 finite set

원소의 개수가 유한한 집합. 원소나열법으로 원소 전체를 나타낼 수 있으며 개수를 셀 수 있다.

> **예** 5의 약수를 원소나열법으로 나타내면 {1, 5}
>
> 10 이하의 소수의 집합을 원소나열법으로 나타내면 {2, 3, 5, 7}

유효숫자 significant figures

근삿값의 숫자에서 반올림하지 않거나 측정값의 신뢰할 수 있는 부분. 0을 제외한 숫자는 모두 유효숫자이며, 반올림한 자릿수의 위치에 따라 유효숫자가 다르다.

> **예**
>
> $$75331 \xrightarrow{\text{백의 자리에서 반올림}} 75000$$
>
> 유효숫자 ← | → 자릿수를 나타내는 숫자

유효숫자는 7, 5이며, 자릿수를 나타내는 숫자는 3개의 0이다. 유효숫자와 함께 근삿값으로 나타내면 75×10^3 이다.

$$0.0573 \xrightarrow{\text{소수 넷째 자리에서 반올림}} 0.057$$

자릿수를 나타내는 숫자 ← ⌐ ⌐ → 유효숫자

유효숫자는 5, 7이며 자릿수를 나타내는 숫자는 2개의 0이다. 유효숫자와 함께 근삿값으로 나타내면 $5.7 \times \dfrac{1}{10^2}$ 이다.

음수 negative number

0보다 작은 실수.

예 $-2, -\dfrac{\sqrt{3}}{5}, -3\pi$

음의 부호 negative sign

음수임을 나타낼 때 사용하는 기호, 숫자 앞에 −로 표기한다.

음의 유리수 negative rational number

유리수 중에서 0보다 작은 수.

예 $-\dfrac{1}{7}, -\dfrac{9}{11}, -6$

위의 3개의 음수는 음의 유리수이다. -6은 $-\dfrac{12}{2}$, $-\dfrac{18}{3}, \cdots$ 등 여러 음의 유리수로 나타낼 수 있다. 즉, 음의 정수⊂음의 유리수의 관계인 것이다.

음의 정수 negative integer

정수 중에서 0보다 작은 수.

예 $-100, -5, -1$

음함수 implicit function

$f(x,\ y)=0$의 형태로 이루어진 함수. 좌변에는 $x,\ y$에 관해 나열하고 우변은 0으로 이루어진 형태가 일반적이다.

예 $2x-6y+1=0$은 음함수이며, $2x-6y+1=0$을 y에 관하여 정리하면 양함수가 되며 $y=\dfrac{1}{3}x+\dfrac{1}{6}$ 이다.

그리고 함수의 성립은 하나의 x에 대해 하나의 y가 대응해야 하는데, 2개가 대응하는 경우가 있다. 대표적인 예가 원의 방정식인데, 원의 방정식은 함수는 아니지만 음함수 $f(x,\ y)=0$의 형태인 $x^2+y^2-r^2=0$으로 바꿀 수 있다.

이계도함수 second order derivatives

두 번 미분한 함수. $f''(x)$로 표기한다. 함수 앞에 $\dfrac{d^2y}{dx^2}$로 나타내기도 한다.

예

$$f(x) = 7x^2 - 6x + 9 \xrightarrow{\text{도함수}} f'(x) = 14x - 6 \xrightarrow{\text{도함수}} f''(x) = 14$$

이계도함수

이등변 삼각형 isosceles triangle

2개의 변의 길이가 같은 삼각형. 두 밑각의 크기도 같다.

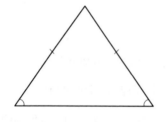

꼭지각

밑각

이등변삼각형은 두 밑각이 같으며, 꼭지각의 이등분선은 밑변을 수직이등분한다.

이상 not less than

어떤 수보다 크거나 같은 수.

예 오른쪽 수직선에서 색
칠한 범위는 −1 이상
이다.

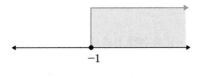

이웃점 adjoint point

다각형의 한 변을 이루는 양 끝점.

예 오각형에서 한 변에 대해 이웃점
을 2개씩 셀 수 있으며, 5개의 변
에서는 모두 10개의 이웃점을 셀
수 있다.

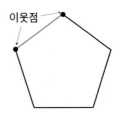

이웃점

이웃변 adjoint side

다각형의 한 점 또는 한 변에 공통된 두 변.

예

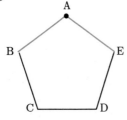

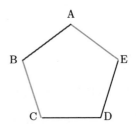

점 A의 이웃변은 $\overline{AB}$와 $\overline{AE}$이다. $\overline{AB}$의 이웃변은 $\overline{BC}$와 $\overline{AE}$이다.

이진법 binary notation

십진수를 0과 1로만 나타내는 방법.

예 19를 이진법의 수로 나타낼 때, 우선 2로 나누어 나머지를 보면 아래서부터 $10011_{(2)}$로 나타낸다.

$$
\begin{array}{r}
2)\,\underline{19} \,\cdots\, 1 \\
2)\,\underline{\ 9} \,\cdots\, 1 \\
2)\,\underline{\ 4} \,\cdots\, 0 \\
2)\,\underline{\ 2} \,\cdots\, 0 \\
1
\end{array}
$$

19를 2진법의 수로 나타내면 $19 = 1 \times 2^4 + 0 \times 2^3 + 0 \times 2^2 + 1 \times 2 + 1 \times 1$

$$1 \quad 0 \quad 0 \quad 1 \quad 1_{(2)}$$

2^4의 자릿수 $\quad$ 2^3의 자릿수 $\quad$ 2^2의 자릿수 $\quad$ 2의 자릿수 $\quad$ 1의 자릿수

이차방정식 quadratic equation

식을 정리했을 때 (x에 대한 2차식)=0인 형태의 방정식. 일반형은 $ax^2 + bx + c = 0$이다. 이때 $a \neq 0$, b, c는 상수이다. 이차방정식을 푸는 방법은 완전제곱식, 근의 공식, 인수분해가 있다.

이차식 quadratic expression

다항식에서 최고차항의 차수가 2차인 식. ax^2+bx+c에서 $a \neq 0$, b, c는 상수이어야 한다. 내림차순으로 정리하여 차수가 2차인지 확인한다.

> **예** $9x^2-7x+1 \rightarrow x$에 대한 이차식.
>
> $3y^2+9 \rightarrow y$에 대한 이차식.

이차부등식 quadratic inequality

식을 정리했을 때, 좌변을 x에 대한 이차식으로 놓고, 우변을 0으로 한 부등식. 다음 4가지가 있다.

① (x에 대한 이차식) > 0

② (x에 대한 이차식) < 0

③ (x에 대한 이차식) ≥ 0

④ (x에 대한 이차식) ≤ 0

이차함수 quadratic function

$a \neq 0$, b, c는 상수일 때 $y=ax^2+bx+c$로 나타내어지는 함수. 포물선 모양이다.

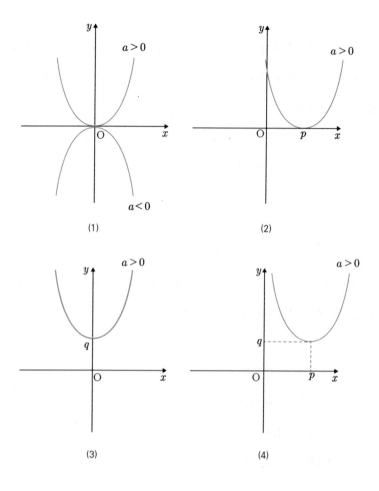

(1)

(2)

(3)

(4)

① $y=ax^2$ 그래프. 원점 $(0, 0)$을 지나며, a가 양수이면 ∪형으로 아래로 볼록이다. a가 음수이면 ∩형으로 위로 볼록이다.

② $y=a(x-p)^2$ 그래프. $y=ax^2$ 그래프를 x축의 방향으로 p

만큼 이동한 그래프이며, 꼭지점의 좌표는 $(p, 0)$, $x=p$라는 축을 가진다.

③ $y=ax^2+q$ 그래프. $y=ax^2$ 그래프를 y축의 방향으로 q만큼 이동한 그래프이며, 꼭지점의 좌표는 $(0, q)$이다.

④ $y=a(x-p)^2+q$ 그래프. $y=ax^2$ 그래프를 x축으로 p만큼 y축으로 q만큼 이동한 그래프이며, 꼭지점의 좌표는 (p, q)이며, $x=p$라는 축을 가진다.

이하 not greater than

어떤 수보다 작거나 같은 수.

예

이항 transposition

부등식 또는 등식의 변수 또는 상수가 다른 변으로 이동하면서 부호가 바뀌는 것. 방정식을 풀이할 때 많이 사용한다.

예제 $2x+7=3x$를 이항을 이용하여 풀어보자.

$$2x + 7 = 3x$$

이항

$$2x - 3x + 7 = 0$$

$$-x = -7$$

$$x = 7$$

이항하면 양(+)의 부호가 음(−)의 부호로, 음(−)의 부호가 양(+)의 부호로 바뀐다.

이항계수 binomial coefficient

조합의 가짓수로 이항정리를 할 때 각 항에 따르는 계수. $_nC_1, _nC_2, _nC_3, \cdots, _nC_n$ 등을 가리킨다.

이항정리 binomial theorem

이항계수를 사용하여 $(a+b)^n$을 전개하는 식을 나타낸 것.

$$(a + b)^n = \sum_{r=0}^{n} {}_nC_r a^{n-r} b^r$$

$$= {}_nC_0 a^n + {}_nC_1 a^{n-1} b + \cdots + {}_nC_r a^{n-r} b^r + \cdots + {}_nC_n b^n$$

이항분포 binomial distribution

이산확률분포의 하나로 한 번의 시행으로 사건 A가 일어날 확률을 p, 여사건의 확률을 q로 하면 n번의 독립시행 중 사건 a가 일어나는 횟수 X의 분포가 $P(X=r)={}_nC_rp^rq^{n-r}$(단, $r=0, 1, 2, 3, 4, \cdots$)로 나타나는 분포이다. 이항분포의 기호는 $B(n, p)$이며 평균 $E(X)=np$, 분산 $V(X)=npq$로 구한다.

인수 factor

정수 또는 다항식을 두 개 이상의 정수나 식의 곱으로 나타낼 때의 개별 단위.

정수 c가 $a\times b$일 때 a와 b는 인수이다. 다항식 a^2-b^2은 $(a+b)(a-b)$로 인수분해가 되며 1, $(a+b)$, $(a-b)$, a^2-b^2이 인수가 된다. 인수는 약수의 개념을 확장한 것으로 이해할 수 있다.

인수분해 factorization

다항식을 두 개 이상의 단항식으로 나타낸 것. 전개의 반대 개념이다.

$$x^2+7x+6 \xrightleftharpoons[\text{전개}]{\text{인수분해}} (x+1)(x+6)$$

많이 사용하는 인수분해 공식은 다음의 7가지이다.

(1) $ma+mb+mc=m(a+b+c)$

(2) $a^2 \pm 2ab+b^2=(a \pm b)^2$

(3) $a^2-b^2=(a+b)(a-b)$

(4) $x^2 \pm (a+b)x+ab=(x \pm a)(x \pm b)$

(5) $abx^2+(ad+bc)x+cd=(ax+c)(bx+d)$

(6) $a^3 \pm b^3=(a \pm b)(a^2 \mp ab+b^2)$

(7) $a^3+b^3+c^3-3abc=(a+b+c)(a^2+b^2+c^2-ab-bc-ca)$

인치 inch

야드-파운드 법의 단위로 길이를 잴 때 쓰인다. 스마트폰, 디스플레이, 허리의 둘레를 잴 때 인치는 많이 사용한다.

1인치$=2.54$cm$=0.08333$피트$=0.02778$야드

일차방정식 linear equation

등식을 정리했을 때, (일차식)$=0$으로 나타내지는 미지수의

최고차항의 차수가 1인 방정식. $ax+b=0$으로 나타낸다. 이
때 $a \neq 0$, b는 상수이다.

일차변환 linear transformation

벡터공간 U에서 V로 대응하는 사상 f에 의해 $f(x+y)=$
$f(x)+f(y)$, $f(cx)=cf(x)$를 충족하면서 변환하는 것. 선형변환
이라고도 한다.

일차부등식 linear inequality

부등식을 정리했을 때, 최고차항의 차수가 1인 부등식. 부등
호 기호 $>$, $\geq$, $<$, $\leq$가 사용된다.
　(일차식)>0
　(일차식)≥ 0
　(일차식)<0
　(일차식)≤ 0

일차식 linear expression

식을 간단히 정리했을 때, 최고차항의 차수가 1인 식이다.

예 $3x + \dfrac{1}{4}$, $-8x \rightarrow$ 일차식이다.

$-\dfrac{1}{4}x + \dfrac{1}{4}x + 9 \rightarrow$ 식의 결괏값이 9이기 때문에 상수식

이므로 일차식이 아니다. 따라서 식을 정리한 후 결과로

일차식인지를 확인한다.

일차함수 linear function

일차식 x의 변화에 따라 y의 값이 결정되는 함수. 선형함수

라고도 한다.

일차함수의 식은 일반적으로 다음과 같다.

$$y = ax + b \ (a \neq 0,\ b \text{는 상수})$$

일차함수의 식은 $y = ax$, $y = ax + b$의 두 종류가 있다.

(1) $y = ax$의 그래프

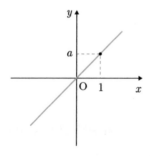

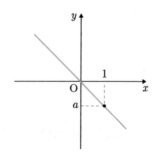

$a > 0$일 때 $y = ax$ 그래프
(우상향 그래프)

$a < 0$일 때 $y = ax$의 그래프
(우하향 그래프)

(2) $y = ax + b$의 그래프

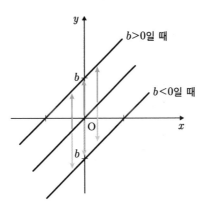

$y = ax$를 그래프를 y축의 방향으로
b만큼 평행이동한 그래프.

입체도형 space figure

3차원 공간에서 일정한 부피를 차지하는 도형. 공간도형이라
고도 한다.

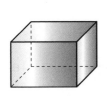 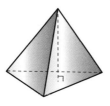 

Search...   Go

자료 ^{data}

실험이나 관찰을 한 후에 나타나는 관측치. 정보 이전의 단계 (가공 이전 단계)에 있는 수치값.

예 인구 조사할 때의 인구수, 100여 차례의 실험결과에 대한 결괏값 등

자연로그 ^{natural logarithm}

밑을 자연상수 e로 하는 로그. x를 진수로 하면 $\ln x$로 나타낸다.

자연상수 natural constant

초월수이며, 네이피어가 최초로 발견한 수이면서 2.71828182 84590452353602874713527⋯⋯로 순환되지 않는 무리수. 오일러가 무리수임을 증명했다. e로 표기한다.

자연수 natural number

0보다 큰 정수로 1부터 1씩 커지는 수. 양의 정수라고도 한다. 페아노의 공리계에 의해 자연수는 덧셈과 곱셈이 자유롭게 될 수 있다는 것이 증명되었다.

교육에서 기초 연산의 첫걸음은 자연수로 시작한다.

작도 construction

눈금 없는 자와 컴퍼스로 도형을 그리는 것.

(1) 길이가 같은 선분의 작도

길이가 같은 선분의 작도는 자로 길이를 잴 수가 없으므로 컴퍼스의 벌린 길이가 선분의 길이가 된다.

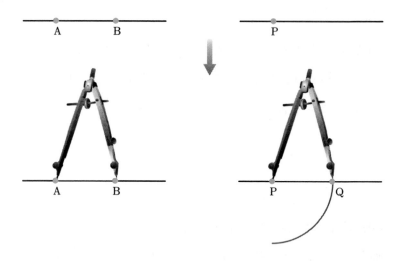

컴퍼스로 벌린 길이를 그대로 점 P에 옮긴 길이를 재면 된다.

(2) 각의 이등분선의 작도

각을 이등분하고 이등분하는 선을 나타내는 작도이다. 이 작도
를 통해 각도가 주어지지 않아도 모든 각을 이등분할 수 있다.

① 점 O를 중심으로 원을 그려 $\overrightarrow{OA}$, $\overrightarrow{OB}$ 와 만나는 점을 각각
　X, Y로 한다. 원을 그릴 때는 반직선 길이보다 짧게 그린다.
② 점 X와 Y에서 반지름의 길이가 같은 원을 그려 만나는 점
　을 C로 한다.
③ 점 O와 점 C를 연결하면 $\overrightarrow{OC}$ 가 ∠AOB의 이등분선이 되
　며 ∠AOC는 ∠BOC와 같다.

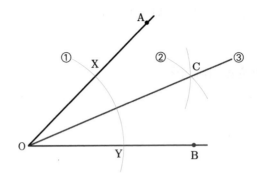

각의 이등분선의 작도

(3) 선분의 수직이등분선의 작도

선분의 수직이등분선의 작도는 도형의 변을 수직으로 이등분
할 때 많이 쓰인다. 선분의 수직이등분선의 작도는 다음과 같다.

① 선분의 양 끝점 A와 B에 컴
퍼스를 대고 원을 그리면
두 개의 교점이 생긴다. 이
때 두 교점을 P, Q로 한다.
② 두 점 P와 Q를 지나는 직선
을 그린다.

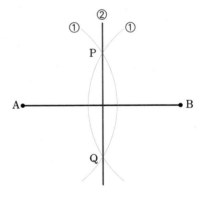

선분의 수직이등분선의 작도

선분의 수직이등분선 위에 한 점을 임의로 정하여 선분의 양
끝점을 이은 선분의 길이는 같다. 예를 들어 위의 그림에서 임

의의 한 점을 P로 할 때 $\overline{AP}=\overline{BP}$가 된다.

(4) 크기가 같은 각의 작도

크기가 같은 각의 작도는 각도기가 없어도 같은 각을 작도하는 것으로 다음의 순서대로 한다.

① ∠XOY에서 점 O에 컴퍼스를 대고 원을 그린다. 원과 $\overrightarrow{OX}$가 만나는 점을 P, $\overrightarrow{OY}$가 만나는 점을 Q로 한다. 이때 $\overline{OP}$와 $\overline{OQ}$는 반지름의 길이다.

② $\overrightarrow{OY}$를 연장한 선에서 점 A를 정하고 $\overline{OP}$의 길이를 반지름으로 하는 원을 그리고 $\overrightarrow{AB}$와 만나는 점을 C로 한다.

③ $\overline{PQ}$의 길이를 직접 잰 후 점 C를 중심으로 원을 그리면 ②와 교점이 생기는데 점 D로 한다.

④ 점 A와 D를 이은 직선을 그리면 크기가 같은 각의 작도가 완성된다.

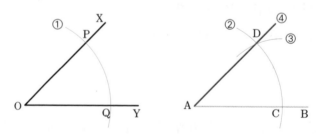

크기가 같은 각의 작도

(5) 수선의 작도

수선의 작도는 다음 순서로 한다.

① $\overrightarrow{AB}$ 위에 점 O를 중심으로 하여 원을 그려 ∠XOY의 두 변
   과 만나는 점을 각각 A, B로 한다.
② 두 점 A, B를 중심으로 ①에서 그린 원보다 크게 그려 만
   난 교점을 P로 한다.
③ $\overrightarrow{OP}$ 는 ∠XOY의 수선이 된다.

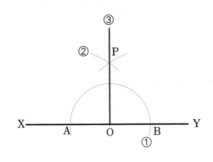

수선의 작도

  수선을 작도하면 $90°$를 작도할 수 있다. 그리고 각의 이등분
선의 작도에 의해 $45°$와 $22.5°$를 할 수 있다. 보통 작도가 가능
한 각은 15의 배수에 해당하는 각이다. $22.5°$는 15의 배수가 아
니지만 작도가 가능한 각이다.

(6) 정삼각형의 작도

정삼각형의 작도는 다음 순서
로 한다.

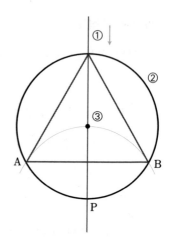

정삼각형의 작도

① 위에서 아래로 직선을 하나
   긋는다.
② 직선 위의 한 점을 정하여
   원을 1개 그린다.
③ 원과 직선이 만나는 한 점
   P에서 ②의 원의 반지름의 길이와 동일한 호를 그린다.
④ 원과 호의 2개의 교점인 점 A와 B를 연결하여 $\overline{AB}$를 긋고,
   나머지 2개의 선분도 그어 정삼각형을 완성한다.

전개 expansion

여러 개의 다항식 또는 행렬의 곱을 풀어서 나타내는 것.

예 $(a+b)(c+d) = ac+ad+bc+bd$

$\begin{pmatrix} a & b \end{pmatrix} \begin{pmatrix} c \\ d \end{pmatrix} = ac+bd$

전개도 development figure

입체도형을 평면으로 펼친 그림.

예 삼각기둥의 전개도

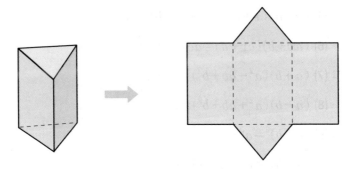

전개식 expansion

여러 개의 다항식 또는 행렬의 곱을 전개한 식. 전개는 전개
과정을 나타내고, 전개식은 전개 과정을 정리한 식이다.

$$(a+b)^2 = (a+b)(a+b)$$
$$= \underbrace{a \times a + a \times b + b \times a + b \times b}_{\text{전개}}$$
$$= \underbrace{a^2 + 2ab + b^2}_{\text{전개식}}$$

곱셈 공식

(1) $(a+b)^2 = a^2 + 2ab + b^2$

(2) $(a-b)^2 = a^2 - 2ab + b^2$

(3) $(a+b)(a-b) = a^2 - b^2$

(4) $(a+b+c)^2 = a^2 + b^2 + c^2 + 2ab + 2bc + 2ca$

(5) $(x+a)(x+b) = x^2 + (a+b)x + ab$

(6) $(ax+b)(cx+d) = acx^2 + (ad+bc)x + bd$

(7) $(a+b)(a^2-ab+b^2) = a^3 + b^3$

(8) $(a-b)(a^2+ab+b^2) = a^3 - b^3$

(9) $(a+b)^3 = a^3 + 3a^2b + 3ab^2 + b^3$

(10) $(a-b)^3 = a^3 - 3a^2b + 3ab^2 - b^3$

(11) $(a^2+ab+b^2)(a^2-ab+b^2) = a^4 + a^2b^2 + b^4$

전체집합 universal set

모든 원소를 포함하는 집합. U로 표기한다.

예 집합 A를 소수의 집합으로 하고, 집합 B를 합성수의 집합, 집합 C를 1로 하면, 전체집합 U는 자연수 전체집합이 된다.

절댓값 absolute value

원점에서 떨어진 거리. 양의 부호 +와 음의 부호 −를 떼어낸

값이다. 절댓값은 0보다 크거나 같으며, 음수가 될 수 없다. 가장 작은 절댓값은 원점에서 거리가 0인 값을 가지는 0이다.

예 $+\frac{1}{2}$의 절댓값은 $\frac{1}{2}$, -2의 절댓값은 2

절편 *intercept*

좌표평면에서 일차함수의 그래프가 x축 또는 y축과 만나는 점의 좌표.

$y=ax$의 그래프가 x축, y축과 만나는 점의 좌표가 각각 $-\frac{b}{a}$, b일 때 절편이 된다.

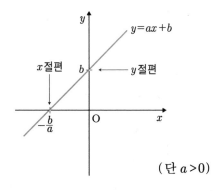

(단 $a>0$)

x절편은 $y=0$을 대입하고, y절편은 $x=0$을 대입하여 구한다.

점 point

길이는 없으며 위치를 나타내는 도형의 최소단위. 0차원이다.

점대칭 point symmetry

180° 회전했을 때 완
전히 겹치는 대칭.

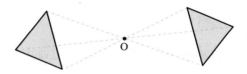

점대칭 도형 symmetric figure for a point

180° 회전했을 때 완전히 겹치는 대칭되는 도형.

접선 tangent line

원을 포함한 곡선과 한 점에서 만나는 직선.

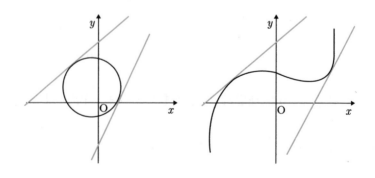

접선은 여러 개 그릴 수 있다.

접선의 길이 tangent length

원 밖의 한 점과 원에
접선을 그을 때 생기는
선분의 길이.

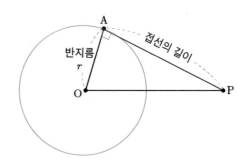

$\overline{\text{PA}}$가 접선의 길이다.

접점 tangent Point

곡선과 직선 또는 곡면과 평면이 접하는 점. 곡선끼리도 접점
이 형성된다.

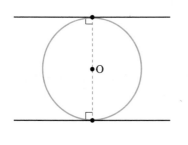

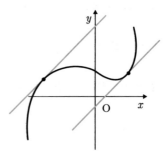

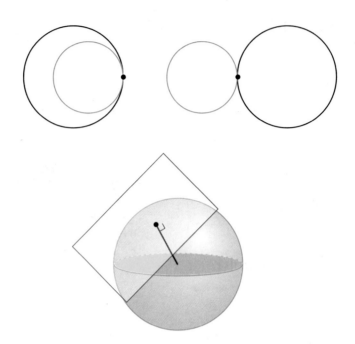

정규분포 normal distribution

평균이 m, 표준편차가 σ인 좌우대칭형의 종 모양 분포. 가우스 분포라고도 한다. 확률밀도함수 $f(x) = \dfrac{1}{\sqrt{2\pi}\,\sigma} e^{-\frac{(x-m)^2}{2\sigma^2}}$ ($-\infty < x < \infty$) 이며, 확률밀도함수인 정규분포곡선을 모두 적분한 $\displaystyle\int_{-\infty}^{\infty} f(x)dx = 1$ 이다.

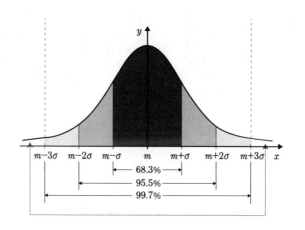

정다각형 regular polygon

변의 길이와 각의 크기가 모두 같은 다각형.

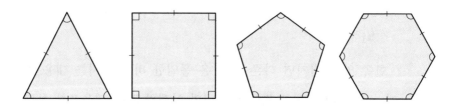

정다면체 regular polyhedron

둘러싸인 모든 면이 합동이며, 모든 꼭짓점에 모인 면의 개수
가 같은 다면체. 다음의 5가지가 있다.

| 정사면체 | 정육면체 | 정팔면체 | 정십이면체 | 정이십면체 |

정리 ^{theorem}

정리 theorem

이미 증명된 명제 중에서 기본이 되거나 다른 명제를 증명할 때 뒷받침할 수 있는 명제. 명제에 관하여 성질을 나타낸다.

예 맞꼭지각의 크기는 서로 같다.

평행선에서 동위각의 크기는 같다.

정비례 direct proportion

한쪽 양이 커지면 다른 쪽 양은 동일한 비로 커지는 대응 관계. x와 y의 관계로 많이 나타내며 아래와 같은 대응표를 보면 그 관계를 알 수 있다.

x	1	2	3	4	⋯
y	2	4	6	8	⋯

$x \times 2 = y$인 것을 알 수 있다. 식을 세우면 $y = 2x$.

정비례는 $y=ax$의 관계이며 여기서 a는 비례상수이다.

정비례 그래프 graph of direct proportion

정비례 관계를 좌표평면 위에 나타낸 그래프. 비례상수 a값
에 따라 두 가지로 구분된다.

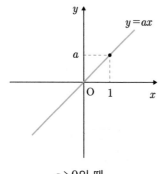

$a>0$일 때
제1사분면과 제3사분면을 지난다.

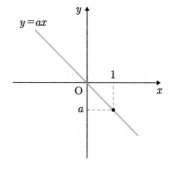

$a<0$일 때
제2사분면과 제4사분면을 지난다.

정사각형 square

네 변의 길이와 네 각의 크기가 모두 같은 사각형. 사각형 중
에 모든 조건을 갖춘 사각형이다. 정사각형의 영역을 나타내면
마름모와 직사각형의 교집합으로 나타낼 수 있다.

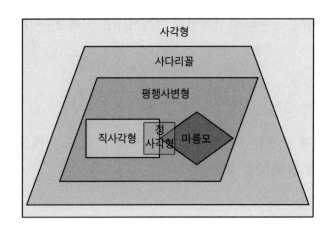

정사각형의 넓이

(1) 정사각형의 넓이 구하는 공식

① (한 변의 길이)×(한 변의 길이)

② (한 대각선의 길이)×(한 대각
   선의 길이)÷2

   →마름모의 넓이 구하는 공식과
   같다. 다만 정사각형은 마름
   모와 달리 두 대각선의 길이가 같다.

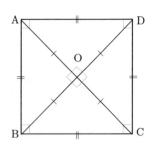

(2) 정사각형의 둘레 구하는 공식=(한 변의 길이)×4

정사영 orthogonal projection

도형을 위에서 아래로 내비추었을 때 생기는 수선의 발. 정사영의 넓이는 원래 도형의 넓이에 $\cos\theta$를 곱한 것이 된다.

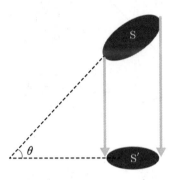

즉 $S'=S\cos\theta$

정삼각형 equilateral triangle

세 변의 길이와 세 각의 크기가 모두 같은 삼각형.

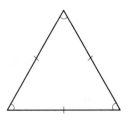

삼각형을 전체집합으로 하고, 이등변삼각형과 정삼각형을 부분집합으로 하여 그림으로 나타내면 다음과 같다.

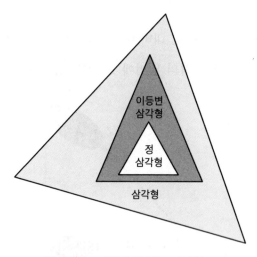

정삼각형⊂이등변삼각형⊂삼각형

그림으로 아래처럼 명제의 참, 거짓을 판별할 수 있다.

정삼각형은 이등변삼각형이다.(○)

이등변삼각형은 정삼각형이다.(×)

정수 ^{integer}

음의 정수와 0, 양의 정수(자연수) 전체를 가리키는 말.

```
      점점 작아진다      점점 커진다
    ←──────────────│──────────────→
        음의 정수    │    양의 정수
    ◄───────────────┼───────────────►
      -5 -4 -3 -2 -1  0  1  2  3  4  5
```

수직선 위에 정수를 나타내면 원점을 기준으로 왼쪽으로 갈수

록 점점 숫자가 작아진다. 반대로 오른쪽으로 갈수록 점점 숫자
가 커진다.

정오각형 regular pentagon

모든 변의 길이와 각의 크기가 같은 오각형. 한 내각의 크기는
108°이며, 한 외각의 크기는 72°이다. 한
내각의 크기가 360°의 약수가 아니므로
테셀레이션이 가능하지 않은 도형이다.

분자 구조가 오각형일 때는 열에 매우
약하다. 미 공군의 상징 문양인 펜타곤은
정오각형의 별 모양으로, 고대부터 정오각형은 황금비인 매우
신기한 도형으로 여겨졌다.

a를 정오각형의 한 변의 길이로, b를 대각선의 길이로 하
면 $a:b=1:1.618$의 황금비를 이룬다.

축구공은 정오각형 12개와 정육각형 20개
로 만들어진다(브라주카, 피퍼노바, 자블라
니 등 최근 월드컵 공인구는 다른 형태로
제작되고 있다).

정육각형 regular hexagon

모든 변의 길이와 각의 크기가 같은 육각형. 한 내각의 크기는 $120°$ 이며, 한 외각의 크기는 $60°$ 이다. 한 내각의 크기가 $360°$ 의 약수이므로 테셀레이션이 가능한 도형이다. 눈 결정체, 벌집, 비 눗 방울은 모두 정육각형인데, 안정적이면서도 외부의 힘을 분 산하고, 최대 넓이를 구사할 수 있기 때문에 자연적으로도 형성 되는 도형이다.

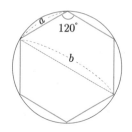 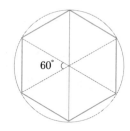

한 변의 길이를 a로, 마주보는 두 꼭짓점을 이은 대각선의 길 이를 b로 하면 길이의 비는 $1:2$이며, 정육각형의 넓 이 $S = \dfrac{3\sqrt{3}}{2}a^2$ 이다. 또한 정육각형은 정삼 각형 6개가 모여 만들어지기도 한다.

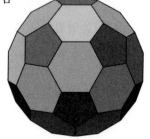

축구공은 정오각형 12개와 정육각형 20개로 만들어졌지만 현재는 다른 구조 의 축구공도 나오고 있다.

정육면체 ^{cube}

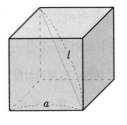

6개의 똑같은 정사각형으로 둘러싸인 입체도형. 사각기둥이며, 입방체라고도 한다. 주사위, 각설탕 모양이 정육면체이다.

한 변의 길이가 a인 정육면체의 겉넓이 $S=6a^2$, 부피 $V=a^3$, 대각선의 길이 $l=\sqrt{3}\,a$이다.

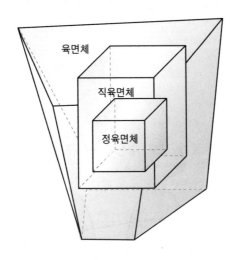

정육면체⊂직육면체⊂육면체의 관계이다.

정육면체는 직육면체이다.(○)

직육면체는 정육면체이다. (×)

정의 definition

용어의 뜻이 정확한 문장. 객관적이어야 하며, 주관적인 생각이 들어간 것은 정의가 아니다.

> **예** **입체기하학**: 3차원 유클리드 공간의 부피를 차지하는 입체도형을 연구하는 기하학
>
> **모집단의 크기**: 모집단에 있는 원소의 개수
>
> **정량적 자료**: 측정값 또는 수치를 숫자인 값으로 나타낸 자료

정의역 domain

함수 f에 대해 X가 Y로 대응할 때, X가 가질 수 있는 원소.

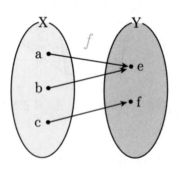

정의역 X $=\{a, b, c\}$

폐구간을 가지는 함수 $f(x)$의 넓이 또는 부피를 구하는 적분법. 적분 범위가 정해져 있기 때문에 수치값으로 나온다.

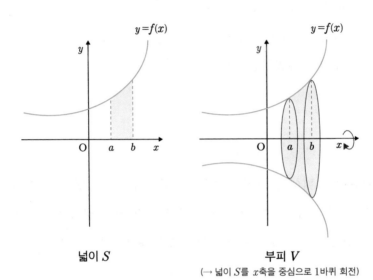

넓이 S

부피 V

(→ 넓이 S를 x축을 중심으로 1바퀴 회전)

함수 $f(x)$의 폐구간 a, b에서

넓이 $\quad S = \int_a^b f(x)\,dx$

부피 $\quad V = \pi \int_a^b \{f(x)\}^2\,dx$

제곱근 square root

제곱하여 a가 되는 x. 즉 $x^2 = a$에서 x를 말한다. 0의 제곱근은 0이며, 0의 제곱근 외에는 양의 제곱근 $+\sqrt{a}$와 음의 제곱근 $-\sqrt{a}$가 있다.

예 3의 제곱근은 $\pm\sqrt{3}$

144의 제곱근은 ± 12

제논 Zenon, 기원전 490~430

이탈리아 태생의 그리스 철학자. 변증법으로 유명하며, 수학에서 논리, 모순 등에 제논의 논법이 등장한다. 엘레아 학파였으며 변증법의 창시론자이며, 역설로도 유명하다.

제논의 역설 Zenon's paradoxes

모순은 아니지만 논리적으로 비약한 점이 있는 것을 역설이라한다. '빨리 달리는 아킬레스는 거북이를 추월할 수 없다.'는 역설인데, 거북이가 출발선에서 이동하면 아킬레스가 빠른 속력으로 따라가더라도 거북이가 그 시간 만큼 또 이동하기 때문에 따라잡을 수 없다는 역설이다. 다음 그래프를 보면 수학적으로 모순임이 입증된다.

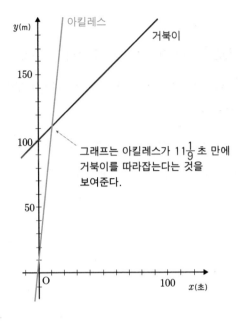

y(m)

아킬레스

거북이

150

100

50

그래프는 아킬레스가 $11\frac{1}{9}$ 초 만에
거북이를 따라잡는다는 것을
보여준다.

O

100

x(초)

이 그래프를 살펴보면 아킬레스의 속력을 10m/s로 하고, 거
북이의 속력을 1m/s로 하면 $11\frac{1}{9}$ 초만에 따라잡는 것을 알 수
있다. 이것은 무한등비급수의 발전에 영향을 주었다.

조건제시법 set-builder form

괄호 안에 원소를 나열하지 않고, 조건을 나타내는 방법.

예 5 이하의 자연수를 **원소나열법**으로 나타내면 {1, 2, 3, 4, 5}
이다. 이를 **조건제시법**으로 나타내면 $\{x \mid x$는 5 이하의
자연수$\}$이다.

조립제법 synthetic division

내림차순으로 정리한 다항식을 계수와 상수항의 약수를 이용해 인수분해하는 방법. 3차 이상의 다항식의 인수분해에서 쓰이는 방법 중 하나이다.

예 $x^3-7x^2+14x-8$을 조립제법을 사용해 인수분해하는 방법은 다음과 같다.

①

$x^3-7x^2+14x-8$의 계수를 나란히 적는다.

②
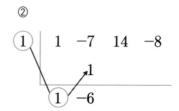

$x^3-7x^2+14x-8=0$을 만족하는 x는 1이므로 계수를 나열한 왼편에 1을 놓는다. 그리고 1과 곱하여 x^2의 계수 밑에 놓는다.

③
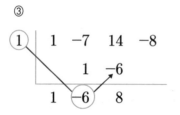

1과 -6을 곱한 -6을 x의 계수 밑에 놓는다.

④
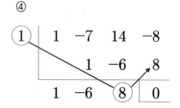

1과 8을 곱하여 8을 상수항 밑에 놓고 그 두 수를 더하여 0이 되면 조립제법은 부분적으로 완료된다.

⑤ ④의 왼쪽 편의 1은 $(x-1)$이고, 아래의 1, -6, 8은 x^2-6x+8이며, $(x-1)(x^2-6x+8)$을 끝까지 인수분해하면 $(x-1)(x-2)(x-4)$이다.

조합 combination

여러 개에서 순서 없이 뽑는 경우의 수. 중복을 허락하지 않으며 서로 다른 n개에서 r개를 뽑을 때 수학기호로 $_nC_r$로 나타낸다. 계산은 $\dfrac{_nP_r}{r!}$ 또는 $\dfrac{n!}{(n-r)!r!}$ 로 한다.

예 6개의 편지가 있다. 이 중 2개의 편지를 집어내는 경우의 수는 $_6C_2 = \dfrac{6 \times 5}{2 \times 1} = 15$ (가지)이다.

조화수열 harmonic progression

수열의 역수들을 차례로 나열했을 때 등차수열이 되는 수열. a_n이 조화수열이면 $\dfrac{1}{a_n}$은 등차수열이며, 일반항으로 나타낼 수 있다.

$\dfrac{1}{a_n} = \dfrac{1}{a_1} + (n-1)d$ $\left(단, d = \dfrac{1}{a_2} - \dfrac{1}{a_1}\right)$에서 a_n을 구하면,

조화수열 $a_n = \dfrac{a_1}{1 + a_1(n-1)d}$ 이다.

예제 조화수열 $\dfrac{2}{3}, \dfrac{1}{2}, \dfrac{2}{5}, \dfrac{1}{3}, \cdots$ 의 일반항 a_n을 구하여라.

풀이 $\dfrac{1}{a_n} = \dfrac{1}{a_1} + (n-1)d$ 에서

$\dfrac{1}{a_1} = \dfrac{3}{2},\ d = \dfrac{1}{a_2} - \dfrac{1}{a_1} = 2 - \dfrac{3}{2} = \dfrac{1}{2}$ 이므로

$\dfrac{1}{a_n} = \dfrac{3}{2} + (n-1) \times \dfrac{1}{2} = \dfrac{n+2}{2}$

$\therefore a_n = \dfrac{2}{n+2}$

정답 $a_n = \dfrac{2}{n+2}$

조화중항 harmonic mean

조화수열의 연속한 세 항 중에서 가운데 항. 예를 들어 a, m, b에서 m이 조화중항이다. 조화중항 m에 관한 식은 다음과 같다.

$$m = \frac{2ab}{a+b}$$

조화평균 harmonic mean

자료의 개수를 자료의 역수들의 합으로 나눈 평균을 구하는 방법. a, b, c의 조화평균 H는 $\dfrac{3}{\dfrac{1}{a}+\dfrac{1}{b}+\dfrac{1}{c}}$로 구한다.

예 A, B, C 지점을 100km/h, 90km/h, 140km/h로 운전하여 지났다면 조화평균 $H = \dfrac{3}{\dfrac{1}{100}+\dfrac{1}{90}+\dfrac{1}{140}} = \dfrac{9450}{89}$

$\fallingdotseq 106(\text{km/h})$

좌변 left side

등식 또는 부등식에서 왼쪽에 있는 변.

예 $\underset{\text{좌변}}{\underline{12x-3}} = \underset{\text{우변}}{\underline{-3x+5}}$

좌변은 $12x-3$이다.

좌표 coordinate

직선 또는 평면, 공간에 대응하는 위치점.

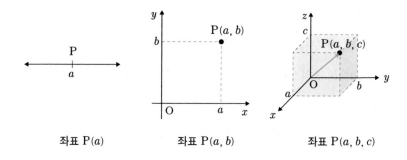

좌표 P(a)　　　　좌표 P(a, b)　　　　좌표 P(a, b, c)

좌표축

점의 위치를 나타내는데 사용하는 수직선.

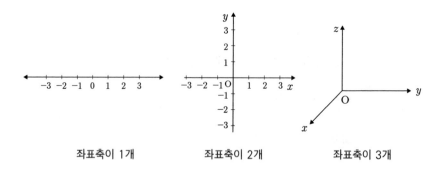

좌표축이 1개　　　　좌표축이 2개　　　　좌표축이 3개

좌표평면

두 수의 위치와 순서쌍 또는 함수의 그래프를 나타낼 수 있는
평면.

모눈종이가 있는 좌표평면

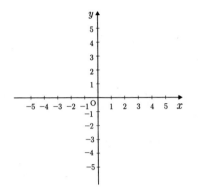

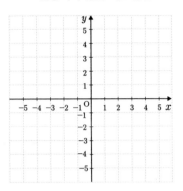

점의 위치를 더 정확하게 나타낼 수 있으며, 그래프를 더 정확히 그릴 수 있다.

5개의 점의 좌표는 점 A(1, 2), 점 B(−2, 4), 점 C(−4, −2), 점 D (3, −3), 점 E(0, −1)이다.

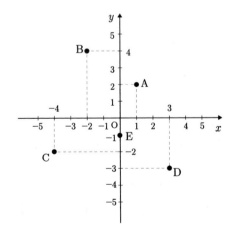

좌표평면에는 함수를 여러 개 그릴 수 있다.

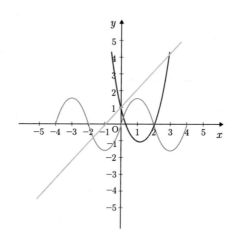

줄기와 잎 그림 _{stem-and-leaf plot}

자료를 줄기와 잎으로 분류하여 표 형태로 만든 것. 주어진 자료를 모아서 줄기와 잎으로 기준을 나누어 표로 만든다.

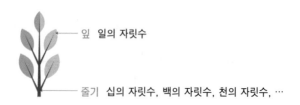

예제 다음 자료는 은석이가 취미로 모으는 클립을 10개 늘어
놓은 것이다. 줄기와 잎 그림으로 나타내어라.

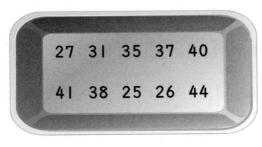

(단위: mm)

풀이 줄기는 십의 자릿수, 잎은 일의 자릿수로 정한 후 작성
한다.

줄기	잎
2	5 6 7
3	1 5 7 8
4	0 1 4

중간값의 정리 intermediate value theorem

함수 $f(x)$가 폐구간 $[a, b]$
에서 연속이고 $f(a) \neq f(b)$일
때, $f(a)$와 $f(b)$ 사이의 임
의의 값 k에 대하여 $f(c)=k$
인 c가 개구간 (a, b)에서 적
어도 1개 존재한다.

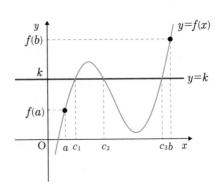

중괄호 braces

식을 계산할 때 사용하는 괄호로 { }로 표기함.

예 $(-2) - 7 \div \left\{ \left(5 - \dfrac{1}{3} \right) \times \dfrac{9}{11} \right\}$

중괄호

중근 multiple root

방정식의 중복되면서 같은 근. 근의 중복된 개수에 따라 이중근, 삼중근, 사중근, …으로 부른다. 특히 이중근은 중근으로 부른다.

예 $(x-2)^2 = 0$을 풀면 $x=2$이며, 중근이다.

$x^3 = 0$을 풀면 $x=0$이며, 삼중근이다.

중복순열 repeated permutation

같은 것을 여러 번 중복해 나열하여 택하는 순열. 서로 다른 n개에서 중복하여 r개를 택한 것을 수학 기호로 $_n\Pi_r$로 나타낸다. $_n\Pi_r$은 n^r으로 계산한다.

예제 숫자 0, 1, 2, 3을 중복하여 선택하여 만들 수 있는 세 자리 숫자의 개수를 구하면?

풀이 백의 자릿수는 0을 제외한 1, 2, 3의 3가지를, 십의 자릿수와 일의 자릿수에는 0, 1, 2, 3을 중복하여 넣을 수 있다.

$$3 \times {}_4\Pi_2 = 3 \times 4^2 = 48$$

따라서 48가지가 된다.

중복조합 repeated combination

순서 없이 중복을 허락하여 뽑는 조합. 서로 다른 n개에서 r개를 뽑으면 수학기호로 ${}_nH_r$로 나타낸다. 그리고 ${}_nH_r = {}_{n+r-1}C_r$로 계산한다.

예 메뉴가 4개인 음식점에 5명의 손님이 와서 식사를 한다면 ${}_4H_5 = {}_{4+5-1}C_5 = {}_8C_5 = 56$(가지)이다.

중선 median line

삼각형의 한 꼭짓점에서 대변의 중점에 내린 선분.

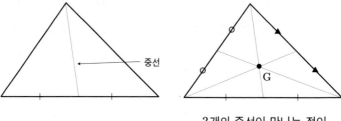

3개의 중선이 만나는 점이
무게중심 *G*이다.

중심각 central angle

원의 중심을 잇는 두 반지름이 만드는 각. 즉, 부채꼴의 두 반
지름이 이루는 각이다. 중심각의 크기는 호의 길이와 비례하며,
원주각 크기의 2배이다. 그리고 한 원 안에서 현의 길이가 같은
부채꼴은 중심각의 크기도 같다.

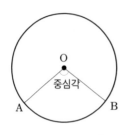

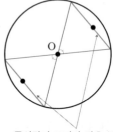

중심각의 크기는 원주각
크기의 2배이다.

중심각의 크기가 같은 부채꼴은
현의 길이가 같다.
또한 현의 길이가 같은 부채꼴도
중심각의 크기가 같다.

중심거리 distance between centers

두 원 또는 구의 중심을 잇는 선분의 길이.

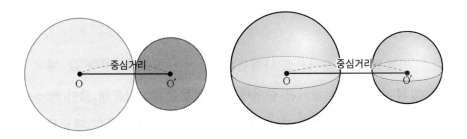

중심선 central line

1개 이상의 원 또는 구의 중심을 지나는 선분. 1개의 원이나 구를 지나는 중심선 중에는 지름이 있다.

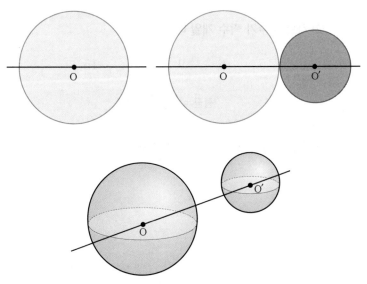

283

중심선은 원 또는 구의 지름보다 더 길게 그려도 된다.

중앙값 median

자료를 크기 순서로 나열했을 때, 가운데에 해당하는 값. 자료의 수가 홀수 개이면 순서대로 나열했을 때, 가운데 값이 중앙값이다. 짝수 개일 때는 가운데 2개에 해당하는 값의 평균을 구한다.

예 **(1) 자료의 수가 홀수 개일 때.**

$$1 \qquad 2 \qquad 4 \qquad 7 \qquad 8 \qquad 9 \qquad 12$$

중앙값은 가운데 수인 7이다.

(2) 자료의 수가 짝수 개일 때

$$1 \qquad 5 \qquad 6 \qquad 9 \qquad 10 \qquad 15$$

$$평균 = \frac{6+9}{2} = 7.5$$

중앙값은 6과 9의 평균값인 7.5이다.

중점 middle point

1개의 선분을 똑같이 나누는 가운데에 위치한 점. 선분은 중점이 있으며, 직선 또는 반직선은 중점이 없다. 따라서 중점은 정해진 길이에서만 존재한다.

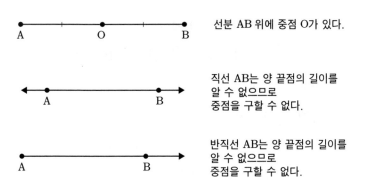

선분 AB 위에 중점 O가 있다.

직선 AB는 양 끝점의 길이를
알 수 없으므로
중점을 구할 수 없다.

반직선 AB는 양 끝점의 길이를
알 수 없으므로
중점을 구할 수 없다.

증명 proof

명제가 참이라는 것을 밝히는 논리적 과정. 가정이 참인 결론으로 밝혀지기 위해서 필요한 과정이다.

> 예 '두 직각삼각형이 있을 때, 빗변의 길이와 한 예각의 크기가 같으면 합동이다'를 증명하는 과정(RHA합동).

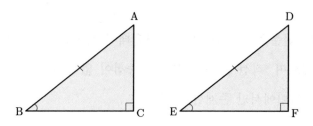

가정 △ABC와 △DEF에서

$\angle C = \angle F = 90°$, $\overline{AB} = \overline{DE}$, $\angle B = \angle E$

결론 △ABC ≡ △DEF

증명 $\overline{AB} = \overline{DE}$ (가정) ···①

$\angle B = \angle E$ (가정) ···②

$\angle A = \angle D$ (나머지 한 각) ···③

①, ②, ③에 의해

△ABC ≡ △DEF (ASA 합동)

RHA합동을 증명하기 위해 ASA합동을 사용했다.

지름 ^{diameter}

원 또는 구에서 양 끝점을 가지면서 중심을 지나는 선분.

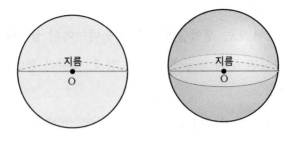

지수 exponent

거듭제곱의 횟수를 나타내는 수. $a^b = \underbrace{a \times a \times a \times \cdots \times a}_{b\text{번 곱한다}}$ 에서 b가 지수이다.

> 예 2^3에서 3은 2를 세 번 곱하라는 것이며, 지수이다.

지수함수 exponential function

지수를 변수로 하는 함수. 지수함수 $y = a^x$의 그래프는 밑 a의 범위에 따라 두 가지로 나뉜다.

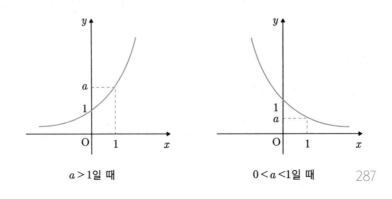

$a > 1$일 때 $0 < a < 1$일 때   287

지오데식 돔 ^{geodesic dome}

정십이면체 또는 정이십면체를 잘게 나누어서 삼각형 격자 모양으로 구성된 구나 반구에 근사한 입체. 측지식 돔이라고도 부른다.

건축가이자 디자이너 리처드 풀러^{Richard Buckminster Fuller, 1895~}
¹⁹⁸³가 1922년에 고안했다. 건축물, 화학 구조에 많이 쓰인다.

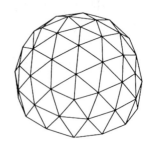

지표 ^{index}

상용로그를 정수와 1보다 작은 소수의 합으로 나타낼 때, 정수 부분이다.

$\log N = n + \alpha$

n은 지표, α가 가수이다.

예 $\log 212 = 2 + \log 2.12$

$$= 2 + 0.3263$$

지표는 2이고, 가수는 0.3263이다.

직각 right angle

두 직선이 이루는 각이 $90°$일 때의 각.

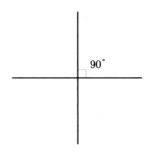

직각삼각형 right-angled triangle

직각인 한 각을 가진 삼각형. 나머지 두 각의 합은 $90°$이다. 삼각비와 피타고라스의 정리에서 직각삼각형을 많이 활용한다.

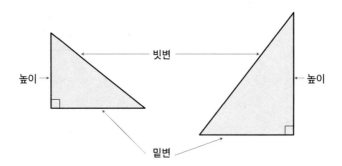

삼각비와 유클리드 기하학에 많이 응용하며, 직각삼각형의 변과 넓이에 관한 공식은 다음과 같다. ∠A가 90°인 직각삼각형 ABC에서 꼭지각 ∠A에서 $\overline{BC}$에 내린 수선의 발을 H로 하면 다음 공식이 성립한다.

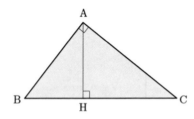

$$\overline{AH}^2 = \overline{BH} \times \overline{CH}$$

$$\overline{AB}^2 = \overline{BH} \times \overline{BC}$$

$$\overline{AC}^2 = \overline{CH} \times \overline{BC}$$

직교 orthogonal

두 개 이상의 직선이나 평면이 서로 직각을 이루는 것.

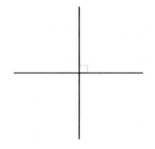

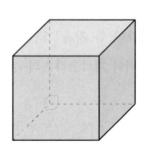

직사각형 ^{rectangle}

네 각의 크기가 모두 같은 사각형. 네 각은 모두 $90°$이며, 두 대각선의 길이는 같으며, 서로 다른 것을 이등분한다.

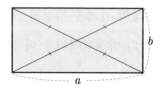

가로의 길이를 a, 세로의 길이를 b로 하면,

직사각형의 **넓이** $S = ab$

둘레 $l = 2(a+b)$

대각선의 길이 $= \sqrt{a^2 + b^2}$

직선 ^{line}

두 점을 지나면서 무한히 뻗어나가는 곧은 선. 두 점을 A, B로 정하면 $\overleftrightarrow{AB}$로 나타낸다.

두 점을 지나는 직선은 오직 1개

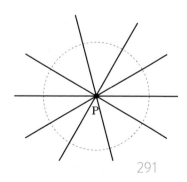

이며, 한 점을 지나는 직선은 무수히 많다.

직선의 방정식 equation of a straight line

x와 y의 관계를 직선의 그래프로 나타낸 일차방정식.

직선의 방정식에서 어떠한 조건이 주어지면 구하는 방법은 다음과 같다.

(1) **기울기와 y절편이 주어질 때**: 기울기가 a이고, y절편이 b이다. $y=ax+b$.

(2) **기울기와 한 점의 좌표가 주어질 때**: 기울기가 a이고, 한 점의 좌표가 (x_1, y_1)이다. $y-y_1=a(x-x_1)$.

(3) **두 점의 좌표가 주어질 때**: 두 점을 (x_1, y_1), (x_2, y_2)로 했을 때 기울기는 $a=\dfrac{y_2-y_1}{x_2-x_1}$, 직선의 방정식은 $y-y_1=\dfrac{y_2-y_1}{x_2-x_1}(x-x_1)$.

(4) **x절편과 y절편이 주어질 때**: x절편이 p, y절편이 q이면 기울기 $a=-\dfrac{q}{p}$, 직선의 방정식은 $y=-\dfrac{q}{p}x+q$.

(5) **x축 또는 y축과 평행할 때**: x좌표가 p, y좌표가 q인 한 점 A가 있을 때 x축에 평행한 직선의 방정식은 $y=q$, y축에 평행한 직선의 방정식은 $x=p$.

직육면체 rectangular parallelopiped

6개의 직사각형으로 둘러싸인 입체도형. 합동인 3쌍의 직사각형으로 둘러싸여 있다.

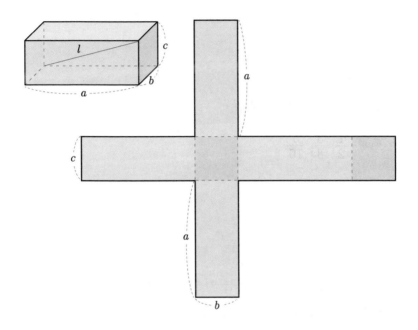

직육면체의 **겉넓이** $S = 2(ab + bc + ca)$

       부피 $V = abc$

       대각선의 길이 $l = \sqrt{a^2 + b^2 + c^2}$

진부분집합 proper subset

부분집합 중에서 자신을 제외한 모든 부분집합.

예 4의 약수에 대해 부분집합을 나열하면 ϕ, {1}, {2}, {4}, {1, 2}, {1, 4}, {2, 4}, {1, 2, 4}이다. 여기서 진부분집합은 {1, 2, 4}를 제외한 부분집합이다.

진분수 proper fraction

분모가 분자보다 큰 분수.

예 $\dfrac{1}{2}$, $\dfrac{3}{8}$, $\dfrac{5}{16}$

집합 set

조건에 합당하며 대상 또는 기준이 분명한 모임.

예 2의 배수, 3보다 크고 5보다 작은 정수→집합이다.
예쁜 꽃들의 모임. 키가 큰 학생들의 모임→기준이 명확하지 않으므로 집합이 아니다.

짝수 even number

2로 나누어떨어지는 정수.

예 $-4, -2, 2, 4, 8, 10$

차수 ^{degree}

차수 degree

다항식의 항들의 지수 중 가장 큰 거듭제곱 지수. 다항식인 경우 가장 지수가 높은 것을 기준으로 차수를 결정한다.

지수 중 2가 가장 크다

예 $x^2 + x + 1$

위의 다항식은 차수가 2이다.

차원 ^{dimension}

차원 dimension

공간을 구성하는 축의 개수. 차원에 따라 공간을 구성하는 도형의 모양은 다르며, 보는 시각도 달라진다. 0차원은 점, 1차원은 직선, 2차원은 평면, 3차원은 공간, 4차원 이상은 초입체이다.

차집합 difference of sets

두 개의 집합이 있을 때, 하나의 집합
에는 속하지만 다른 하나의 집합에는 속
하지 않는 집합. A, B 두 집합이 있으
면 A−B로 나타내며, 조건제시법으로는
$\{x \mid x \in A$ 그리고 $x \notin B\}$로 나타낸다.

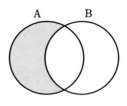

A−B의 벤 다이어그램

> **예** A={1, 2, 3, 4}, B={3, 4, 5, 6}
> 일 때 A−B는 {1, 2}이다.

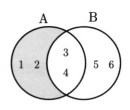

벤 다이어그램의 색칠한
부분이 A−B이다.

참값 true value

정확하게 측정하거나 실제로 조사한
수량, 횟수 등의 값.

참값의 범위: 근삿값을 a, 오차의 한계를 d로 했을 때 참값의
범위를 A로 하면 $a-d \leq A < a+d$

예 상훈이의 시력은 좌 0.4, 우 0.5이다.   →**참값**

동진이의 키는 150cm이다.   →**근삿값**

가영이의 나이는 15살이다.   →**참값**

연필의 측정값이 18.6cm일 때, 참값을 A로 하면

$$18.6 - 0.05(\text{cm}) \leq A < 18.6 + 0.05(\text{cm})$$

$$\Rightarrow 18.55 \leq A < 18.65$$

체바의 정리 Ceva's theorem

삼각형의 세 꼭짓점에서 각 대변에 그은 선분이 만난 점들을 D, E, F로 하면 생기는 6개의 선분에 관한 비가 된다. 1679년 체바가 발견한 정리.

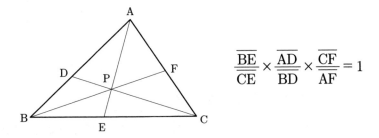

$$\frac{\overline{BE}}{\overline{CE}} \times \frac{\overline{AD}}{\overline{BD}} \times \frac{\overline{CF}}{\overline{AF}} = 1$$

초과 greater than

어떤 수를 포함하지 않는, 그 수보다 큰 수.

예 아래처럼 5 초과인 수는 5보다 큰 수를 말한다. 5는 포
함하지 않는다.

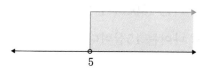

초월수 transcendental number

계수가 유리수인 다항방정식의 근으로는 나타날 수 없는 수.
π 또는 e는 대수적 방정식의 근이 아니므로 초월수가 된다. 최
초의 초월수는 리우빌이 1844년 발견한 리우빌 상수이다. 리우
빌 상수를 c로 표기하여 나타내면 다음과 같다.

$$c = \sum_{k=1}^{\infty} 10^{-k!} = 0.11000100000000000000000010\cdots$$

최고차항 term of highest degree

다항식 중에서 차수가 가장 높은 항.

예 $-2x^5 + x^3 + \dfrac{1}{2}$에서 최고차항은 $-2x^5$이다. -2는 최고

차항의 계수이다.

최대공약수 greatest common divisor (G.C.D)

2개 이상의 수를 나눌 수 있는 가장 큰 수.

예 18과 24의 최대공약수를 구하는 방법

(1) 공약수로 나누어 계산하는 방법

$$\begin{array}{r|cc} 2 & 18 & 24 \\ 3 & 9 & 12 \\ \hline & 3 & 4 \end{array}$$ 최대공약수 $2 \times 3 = 6$

(2) 소인수분해하여 공통된 소인수 중 차수가 낮은 수를 선택하여 곱하는 방법

$$\begin{array}{r} 18 = 2 \times 3^2 \\ 24 = 2^3 \times 3 \\ \hline 2 \times 3 = 6 \end{array}$$ 최대공약수 $2 \times 3 = 6$

(3) 약수를 나열하여 공약수를 찾은 다음 그중 가장 큰 수를 구하는 방법

18의 약수는 1, 2, 3, 6, 9, 18

24의 약수는 1, 2, 3, 4, 6, 8, 12, 24

ㅊ

공약수는 1, 2, 3, 6

최대공약수는 6

최대공약수를 G로 정하고, 두 수를 각각 A, B로 하면, $A=aG$, $B=bG$로 나타낼 수 있다. 둘 다 최대공약수 G를 가지며, 이때 a, b는 서로소이다. 최소공배수를 L로 하면, $LG=AB$이다.

최댓값 maximum value

함숫값이 가질 수 있는 가장 큰 값. 단, 정의역의 범위가 주어지면 최댓값은 달라질 수 있다.

예1 $y=x+2$의 그래프에서 최댓값은 무한대(∞)이다. 즉, 정할 수 없다.

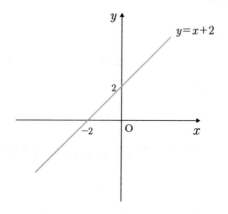

그러나 정의역 x의 범위를 $-1 \le x \le 1$로 정하면, x가 1
일 때 최댓값은 3이 된다.

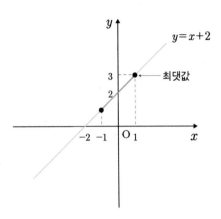

예2 $y = (x-1)^2 + 3$의 그래프에서 최댓값은 없다.

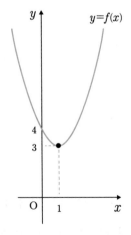

그러나 정의역 x의 범위가 $1 \le x \le 2$일 때 최댓값은 $x=2$

일 때 4이다.

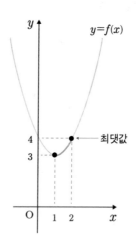

최대·최소 정리 extreme value theorem

폐구간을 가진 연속함수는 반드시 최댓값과 최솟값이 존재한
다는 정리.

최빈값 mode

자료 중 가장 많이 나타나는 값. 자료가 계급별로 나뉘어 있으
면 가장 빈도가 큰 계급의 중앙값이 된다. 자료의 값이 모두 다
르면 최빈값을 구하지 못한다는 단점이 있다.

최소공배수 least common multiple(L.C.M)

2개 이상의 수로 나누어떨어지는 가장 작은 수. 공배수 중에서 가장 작은 수이다.

예 12과 20의 최소공배수를 구하는 방법

(1) 공약수로 나누어 계산하는 방법

$$
\begin{array}{r}
2\,\underline{)\ 12\quad 20} \\
2\,\underline{)\ \ 6\quad 10} \\
3\quad\ \ 5
\end{array}
$$

최소공배수 $2 \times 2 \times 3 \times 5 = 60$

(2) 소인수분해하여 공통된 소인수에서 차수가 높은 수를 선택한 후 서로 없는 소인수도 선택하여 같이 곱하는 방법

$$
\begin{array}{l}
12 = 2^2 \times 3 \\
20 = 2^2 \quad\ \ \times 5 \\
\hline
2^2 \times 3 \times 5
\end{array}
$$

최소공배수 $2^2 \times 3 \times 5 = 60$

(3) 배수를 나열하여 공배수를 찾은 다음 그중 가장 작은 수를 구하는 방법

12의 배수는 12, 24, 36, 48, 60, 72, 84, 96, 108, 120,

132, ⋯

20의 배수는 20, 40, 60, 80, 100, 120, ⋯

공배수는 60, 120, 180, ⋯

최소공배수는 60

최솟값 minimum value

함숫값이 가질 수 있는 가장 작은 값. 정의역의 범위가 주어지면 최솟값은 달라질 수 있다.

예1 $y = -x - 1$의 그래프에서 최솟값은 무한대$(-\infty)$이다. 즉, 정할 수 없다.

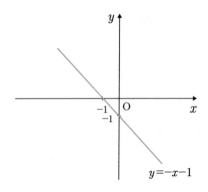

$$y = -x - 1$$

그러나 정의역 x의 범위를 $-2 \leq x \leq 1$로 정하면, x가 1일 때 최솟값은 -2이다.

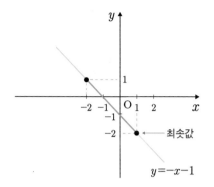

$y=-x-1$

최솟값

예2 $y=-(x+1)^2+1$의 최솟값은 구할 수 없다.

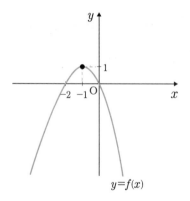

$y=f(x)$

그러나 정의역 x의 범위를 $-1 \leq x \leq 1$로 정하면, x가 1
일 때 최솟값은 -3이다.

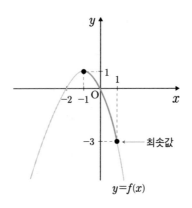

추측 conjecture

검증되지 않은 명제를 미리 예상하는 것. 데이터에 관한 관찰
과 사고를 통해 관측하게 된다.

예 **골드바흐의 추측**: 모든 짝수는 두 개의 소수의 합으로 표
시할 수 있다.

$$4=2+2$$

$$6=3+3$$

$$8=3+5$$

$$10=3+7=5+5$$

$$12=5+7$$

$$14=3+11=7+7$$

$$16=3+13=5+11$$

$$18 = 5 + 13 = 7 + 11$$
$$20 = 3 + 17 = 7 + 13$$
$$\vdots$$

현재까지 위의 가설에 관한 증명에 대해 확신을 주는 증명방법은 없다. 따라서 추측이다.

축 axis

포물선에 나타나는 대칭축.

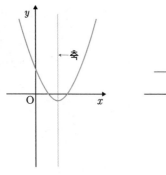

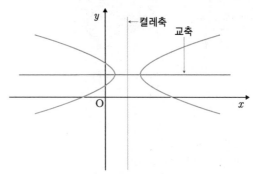

이차함수의 축   쌍곡선에서 축은 켤레축과 교축이다.

축척 ^{scale}

지도 위에 실제 거리를 축소하여 나타낸 비율. 축척에 따라 지도는 대축척 지도와 소축척 지도로 나뉘는데, 대축척 지도는 좁은 지역을 자세히 보여준다. 따라서 마을 지도가 적합하다. 소축척 지도는 넓은 지역을 간략히 보여주므로 우리나라 전도가 적합하다.

축척이 1 : 25,000일 때 1cm의 실제 거리는 1cm×25,000 = 25,000cm이다.

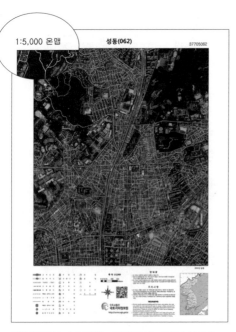

대축척 지도: 도엽번호: 37705062, 축척 1:5,000

소축척 지도: 도엽번호: 377053, 축척 1:25,000

측정값 ^{measured value}

물리량을 측정해 얻은 값. 측정값은 측정 도구에 따라 참값일 수도 있고, 근삿값일 수도 있다. 재는 기준에 따라 오차가 클 수도 있다. 오차가 적을수록 측정값이 더 정확하다.

치역 ^{range}

함수 $y=f(x)$에서 y의 함숫값.

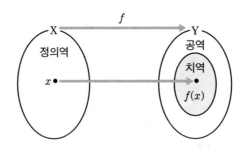

Y에 속하는 집합은 모두 공역이며, 공역 중에서 x에 대응하는 값이 치역이다. 따라서 치역 ⊂ 공역의 관계이다.

> 예 함수 $y=x^2$에 관한 원소가 {−1, 0, 1}이 있으면 3개의 원소는 정의역이다. 공역의 원소도 다음 그림처럼 {−1, 0, 1}로 나타낼 수 있다.

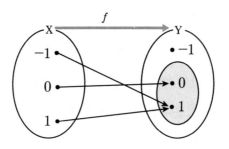

이때 치역은 {0, 1}이다.

치환적분 integration by substitution

적분을 직접 하기 어려울 때, 변수를 치환하여 적분하는 것.

예제 $\int \sin(7x+8)dx$ 의 값을 구하여라.

풀이 $\int \sin(7x+8)dx$

$7x+8=t$로 치환하면,

$\dfrac{dt}{dx}=7$에서 $dx=\dfrac{dt}{7}$ 이다.

식을 다시 치환하여 나타내면

$\int \sin t \times \dfrac{dt}{7}$

$=\dfrac{1}{7}\int \sin t\, dt$

$=-\dfrac{1}{7}\cos t + C$

t를 다시 $7x+8$로 대입하면

$=-\dfrac{1}{7}\cos(7x+8) + C$

카르다노 Girolamo Cardano, 1501~1576

이탈리아의 수학자, 철학자, 의
사. 천문학, 점성술, 마술도 연구했
으며, 도박에도 관심이 많아 주사
위에 관한 논문으로 확률론의 기초
를 정립했다. 또한 허수의 개념을
도입했으며 타르탈리아가 이미 발
견한 삼차방정식의 해법을 논문에
실어 카르다노의 공식으로 알려지
기도 했다.

ㅋ

카오스 이론 chaos theory

질서를 가진 무질서에서 규칙을 찾아내고 예측하는 연구 분야. 혼돈에서 연구를 시작한다. 양자역학, 상대성이론과 함께 20세기의 위대한 발견 중 하나로 꼽힌다. 1900년대 물리학계에서 시작한 이론이며, 경제 및 금융, 의학, 생물학, 수학, 물리학, 기상학, 천문학, 정치학, 컴퓨터 네트워크, 유체 역학 등에서 폭넓게 연구가 진행 중이다. 초기조건의 민감도와 주기성, 혼합성을 중점으로 연구하는 이론이다.

케일리-해밀턴의 정리 Cayley-Hamilton theorem

케일리Arthur Cayley, 1821~1895와 해밀턴William Rowan Hamilton, 1805~1865이 발견한 것으로 n차 정사각행렬은 n차 특성 방정식의 해가 된다는 정리이다. 다음은 n이 2차인 정사각행렬일 때의 케일리-해밀턴 정리를 나타낸 것이다.

$$A = \begin{pmatrix} a & b \\ c & d \end{pmatrix} \text{일 때, } A^2 - (a+d)A + (ad-bc)E = O$$

행렬의 거듭제곱과 고차행렬, 역행렬 등에 적용된다.

켤레 ^{conjugate}

수학에서 짝을 이루는 수, 방정식의 근 또는 도형의 대칭에 따른 쌍을 말한다.

켤레근 ^{conjugate root}

이차방정식 이상에서 실근 또는 허근이 짝을 이루는 근이다. 실수근 중에서 무리수의 켤레근은 $p+q\sqrt{m}$, $p-q\sqrt{m}$, 허근은 $p+qi$, $p-qi$이다.

켤레복소수 ^{complex conjugate}

실수부는 같고 허수부만 다른 두 개의 복소수. $a+bi$의 켤레복소수는 $a-bi$.

켤레축 ^{conjugate axis}

쌍곡선의 두 대칭축 중 쌍곡선과 만나지 않는 축. 교축이 아닌 축이다.

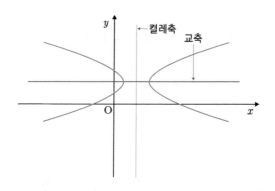

켤레호 conjugate arc

두 개의 호가 하나의 원을 만들 때, 한 호에 대한 다른 호를
상대하여 가리키는 말.

두 가지 색의 호를 합하면 원이다. 따라서 회색 호의 나
머지 호가 켤레호이다.

코사인 ^{cosine}

코사인 ^{cosine}

직각삼각형에서 주어진 각에 대해 $\dfrac{밑변}{빗변}$의 비로 나타낸 삼각비. 시컨트와 역수 관계이다.

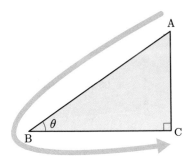

$$\cos\theta = \cos B = \frac{\overline{BC}}{\overline{AB}}$$

코사인 법칙 ^{law of cosines}

일반 삼각형에서 두 변의 길이와 사잇각을 알 때 나머지 한 변을 구할 수 있는 공식. 제1코사인 법칙과 제2코사인 법칙이 있다.

제1코사인 법칙	제2코사인 법칙
$a = b\cos C + c\cos B$	$a^2 = b^2 + c^2 - 2bc\cos A$
$b = c\cos A + a\cos C$	$b^2 = c^2 + a^2 - 2ca\cos B$
$c = a\cos B + b\cos A$	$c^2 = a^2 + b^2 - 2ab\cos C$

ㅋ

코시컨트 ^{cosecant}

직각삼각형에서 주어진 각에 대해 $\dfrac{빗변}{높이}$의 비로 나타낸 삼각비. 사인과 역수 관계이다.

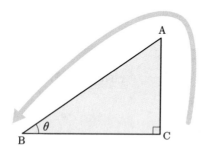

$$\csc\theta = \csc B = \frac{\overline{AB}}{\overline{AC}}$$

코탄젠트 ^{cotangent}

직각삼각형에서 주어진 각에 대해 $\dfrac{밑변}{높이}$의 비로 나타낸 삼각비. 탄젠트와 역수 관계이다.

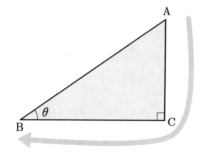

$$\cot\theta = \cot B = \frac{\overline{BC}}{\overline{AC}}$$

코흐 눈송이 Koch snowflake

 스웨덴의 수학자 코흐가 1904년 처음 소개한 프랙털 도형으로 정삼각형의 각변에 뿔 모양으로 변을 무한으로 붙이는 과정을 거쳐 눈송이 모양이 되는 것이다.

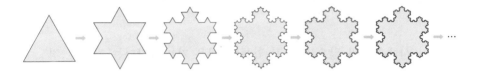

 위의 그림처럼 각 변을 3등분한 후 가운데 부분에 등분한 길이를 ∧ 모양으로 붙인다. 그리고 둘레를 3등분하여 이와 같은 과정을 무한 반복한다.

 정삼각형의 한 변의 길이를 a로 할 때, 코흐 눈송이 넓이는 $\dfrac{2\sqrt{3}}{5}a^2$이며, 둘레는 무한하다.

무한 반복할 때의 코흐 눈송이.

ㅋ

317

큰수의 법칙 ^{law of large numbers}

라플라스의 정리 또는 대수의 법칙으로도 불리며, 표본의 개수가 많을수록 오차는 줄어든다는 법칙. 수식은 다음과 같다.

$$\lim_{n \to \infty} P\left(\left| \frac{X}{n} - p \right| < h \right) = 1$$

시행횟수가 많으면 특정 확률에 매우 가까워진다는 것으로 경험적 확률의 중요성을 보여준다.

타르탈리아 Nicola Fontana, 1506~1557

이탈리아의 수학자. 본명은 니콜라 폰타나이지만 타르탈리아라는 이름으로 널리 알려져 있다. 카르다노의 공식으로 알려진 삼차방정식의 해법을 발견한 수학자이며, 저서 《새로운 과학》에서 포탄이 포물선 모양으로 떨어진다는 것을 주장하고 최초로 소개한 수학자이다. 이후 갈릴레이가 이것을 증명했다.

타원 ellipse

2개의 정점에서 거리의 합이 일정한 점의 자취. 원기둥과 원뿔 등 여러 입체도형을 측면으로 비스듬히 자르면 생기는 단면

319

이 타원이다.

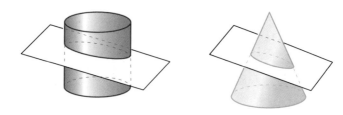

타원의 넓이 구하는 공식

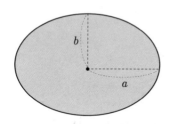

장축과 단축이 각각 $2a$, $2b$인

타원의 넓이 $= \pi ab$

타원은 원을 포함하며, 원은 타원의 특수한 형태이다.

타원의 방정식 equation of ellipse

타원에 관한 방정식. $\dfrac{x^2}{a^2} + \dfrac{y^2}{b^2} = 1$ 로 나타낸다. 장축과 단축

의 길이에 따라 아래의 두 가지 그래프로 그릴 수 있다.

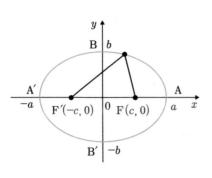 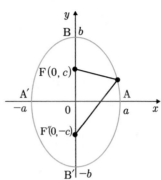

두 개의 정점 $F(c, 0)$, $F'(-c, 0)$에서의 거리의 합이 $2a$인 타원의 방정식.
$(a > b > 0,\ c^2 = a^2 - b^2)$

두 개의 정점 $F(0, c)$, $F'(0, -c)$에서의 거리의 합이 $2b$인 타원의 방정식.
$(b > a > 0,\ c^2 = b^2 - a^2)$

탄젠트 tangent

E

 직각삼각형에서 주어진 각에 대해 $\dfrac{높이}{밑변}$ 의 비로 나타낸 삼 각비. 코탄젠트와 역수 관계이다.

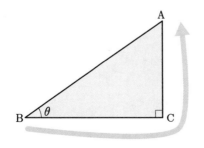

$$\tan\theta = \tan B = \frac{\overline{AC}}{\overline{BC}}$$

통분 reduction to common denominator

분모가 다른 2개 이상의 분수나 분수식의 분모를 동일하게 만드는 것. 서로 다른 분모의 최소공배수를 구해 동일하게 만든다.

예 $\dfrac{1}{2} + \dfrac{2}{3} = \dfrac{1 \times 3}{2 \times 3} + \dfrac{2 \times 2}{2 \times 3} = \dfrac{7}{6}$

분모의 2와 3의 최소공배수는 6이므로 6으로 통분하여 계산한다.

$$\dfrac{1}{x} + \dfrac{3}{x-1} = \dfrac{1 \times (x-1)}{x(x-1)} + \dfrac{3 \times x}{x(x-1)} = \dfrac{4x-1}{x(x-1)}$$

분모 x와 $x-1$의 최소공배수는 $x(x-1)$이므로 통분하여 계산한다. 단 분수방정식이므로 $x \neq 0$, $x \neq 1$인 조건을 유의하면서 분수식을 통분한다.

파스칼 Blaise Pascal, 1623~1662

수학자, 물리학자, 신학자, 철학자, 문학자. 12살의 어린 나이에 삼각형의 내각의 합이 180°인 것을 증명했고, 18살에는 계산기를 발명했다. 페르마와 함께 확률론을 창시했으며, 사이클로이드, 기하학, 원뿔 곡선론, 정수론 등에도 많은 기여를 했다.

ㅍ

파스칼의 삼각형 Pascal's triangle

이항계수를 좌우대칭의 삼각형 모양으로 배열한 것. 중국과 인도에서는 이미 보편화된 수학 이론이었으나 프랑스의 수학자 파스칼이 체계화하여 정리했다.

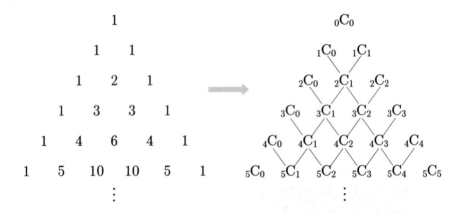

이항계수의 성질로 파스칼의 삼각형을 알 수 있는데, 다음과 같다.

$$(a+b)^n = \sum_{r=0}^{n} {}_nC_r a^{n-r}b^r$$

$$\Longrightarrow \ {}_{n-1}C_{r-1} + {}_{n-1}C_r = {}_nC_r$$

판별식 discriminant

방정식의 계수를 사용해 근에 대한 정보를 파악할 수 있는 공식. 방정식의 근이 허수인지 실수인지, 아니면 중근인지 등을 알 수 있다. 더불어 방정식에 대한 그래프의 개형을 짐작할 수도 있다.

이차방정식 $ax^2+bx+c=0$에서 **판별식** $D=b^2-4ac$이며,

$D>0$이면 서로 다른 두 개의 실근을 가진다.

$D=0$이면 실근인 중근을 한 개 가진다.

$D<0$이면 서로 다른 두 개의 허근을 가진다.

삼차방정식 $ax^3+bx^2+cx+d=0$에서 **판별식** $D=b^2c^2-4ac^3-4b^3d-27a^2d^2+18abcd$이며,

$D>0$이면 서로 다른 세 개의 실근을 가진다.

$D=0$이면 삼중근 또는 중근과 하나의 근을 가진다. 이것들은 모두 실근이다.

$D<0$이면 서로 다른 두 허근과 하나의 실근을 가진다.

팩토리얼 factorial

1부터 n까지의 자연수를 모두 곱한 것. 계승이라고도 하며, 표

기로는 !를 사용한다.

$0!=1$, $1!=1$, $2!=2\times1$, $3!=3\times2\times1=6$,

$4!=4\times3\times2\times1=12$, …

페르마 Pierre de Fermat, 1601~1665

프랑스의 언어학자, 법률가, 수학자. 정수 이론의 창시자이면서 파스칼과 함께 확률론의 창시자이다. 좌표기하학과 미적분학에도 많은 업적을 남겼다. 정수론에 특히 두각을 드러내었으며 세계 10대 미제였던 '페르마의 마지막 정리'는 1993년에서야 앤드루 와일즈가 증명했다.

편차 deviation

변량에서 평균을 뺀 값.

예 윤철이네 조 7명의 키를 조사했더니 다음과 같았다.

132   134   136   129   140   137   135

(단위 cm)

7개의 변량이 있으므로 평균을 구한다.

$$평균 = \frac{132 + 134 + 136 + 131 + 140 + 137 + 135}{7} = 135$$

따라서 편차는 $-3, -1, 1, -6, 5, 2, 0$이다.

평각 straight angle

$180°$인 각.

평균 mean

자료 전체를 모두 더해서 그 개수로 나눈 값.

평균값의 정리 mean value theorem

함수 $f(x)$가 폐구간 $[a, b]$에서 연속이고, 개구간 (a, b)에서 미분이 가능하다면 $\dfrac{f(b) - f(a)}{b - a} = f'(c)$를 만족하는 점 C가 개구간 (a, b)에서 1개 이상 존재한다.

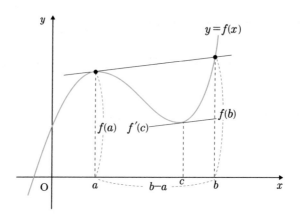

평균변화율 average rate of change

x의 증감율과 y의 증감율을 나타내는 것으로, 곡선 위의 두 개의 점을 지나는 직선의 기울기를 의미한다.

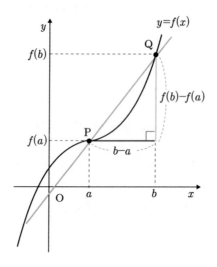

수식으로는 $\dfrac{\Delta y}{\Delta x} = \dfrac{f(b)-f(a)}{b-a}$ 이며 b를 $a+h$로 놓고,

$\dfrac{f(a+h)-f(a)}{h}$ 로 나타내기도 한다.

평면 plane

임의로 그린 직선을 완전히 포함하는 평평한 2차원인 면. 공간에 직교축을 정하면 공간에서 평면에 관한 1차 방정식 은 $ax+by+cz+d=0$이다.

평면의 결정 조건은 다음의 4가지 중 어느 한 가지에 속하면 성립한다.

	결정 조건
	하나의 직선 위에 있지 않는 3개의 점
	하나의 직선과 그 직선 위에 있지 않는 1개의 점

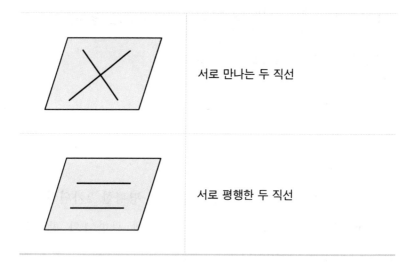

서로 만나는 두 직선

서로 평행한 두 직선

공간에서 직선과 평면의 위치관계

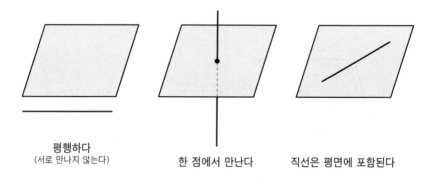

평행하다
(서로 만나지 않는다)

한 점에서 만난다

직선은 평면에 포함된다

공간에서 2개의 평면의 위치관계

평행하다   서로 만난다   일치한다

평면도형 plane shape

평면에 그려지는 직선 또는 곡선으로 구성된 도형.

평행 parallel

(1) 한 평면 위에서 늘여도 직선끼리 만나지 않는 것.

(2) 입체도형에서 늘여도 직선과 평면이 만나지 않거나 평면끼리 만나지 않는 것.

평행의 수학 기호는 //이며, $\overline{AB}$와 $\overline{CD}$가 평행하면 $\overline{AB} \parallel \overline{CD}$

로 나타낸다.

$$\overline{AB} /\!/ \overline{CD}$$
$$\overline{AD} /\!/ \overline{BC}$$

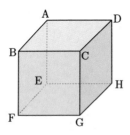

$$\overline{AB} /\!/ \square EFGH, \ \overline{AB} /\!/ \square CGHD$$
$$\square ABCD /\!/ \square EFGH$$

평행사변형 parallelogram

두 쌍의 대변이 서로 평행한 사
각형.

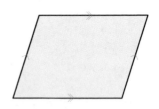

그리고 어떤 사각형이 있을 때,
한 쌍의 마주 보는 대변이 평행하
고 그 길이가 같으면 평행사변형이다. 평행사변형의 3가지 성질
중 어느 하나의 조건이 성립해도 평행사변형이 된다.

평행사변형의 성질은 다음과 같다.

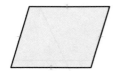

마주 보는 2쌍의 대변
의 길이는 같다.

마주 보는 2쌍의 대각
의 크기는 같다.

2개의 대각선은 서로
다른 것을 이등분한다.

평행선 parallel lines

같은 평면에서 무한히 연장해도 만나지 않는 두 개 이상의
직선.

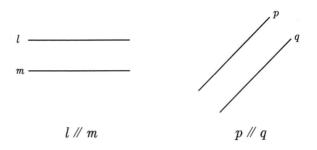

$l \mathbin{/\mkern-5mu/} m$　　　　$p \mathbin{/\mkern-5mu/} q$

직선 l과 m은 평행이므로 두 직선을 무한히 연장해도 만나지
않는다. 직선 p와 q도 마찬가지이다.

직선 l과 m이 평행일 때, 직선 n이 두 직선과 만나면 ∠ⓐ와
∠ⓑ, ∠ⓒ와 ∠ⓓ, ∠ⓔ와 ∠ⓕ, ∠ⓖ와 ∠ⓗ가 동위각으로 같

다. ∠ⓒ와 ∠ⓕ, ∠ⓖ와 ∠ⓑ는 엇각으로 같다.

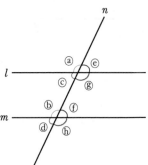

평행이동 parallel transference

도형을 회전하지 않고 어떤 방향으로 모양과 크기 변화 없이 이동하는 것. 도형의 이동 중에서 밀기에 해당한다.

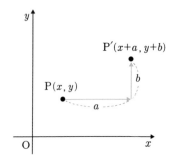

점 $P(x, y)$를 x축으로 a,
y축으로 b만큼 평행이동한 점
$P'(x+a, \ x+b)$

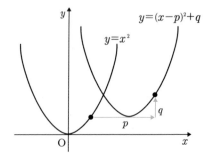

이차함수 $y=x^2$을
x축으로 p, y축으로 q만큼
평행이동한 $y=(x-p)^2+q$ 의
그래프

포물선 parabola

초점과 준선의 거리가 일정한 점의 자취. 모양이 U자 곡선 형태이다. 초점을 F, 준선을 l로 하면 일정한 점의 자취의 한 점은 p이며, p들의 자취가 포물선이다.

포물선의 방정식 equation of a parabola

초점과 준선의 거리가 일
정한 점의 자취가 나타내
는 방정식. 초점을 F, 준선
을 $x=-p$, 꼭짓점을 O(0, 0)
으로 하면 다음과 같다.

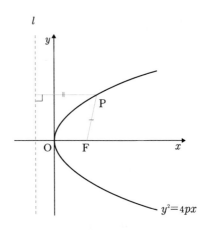

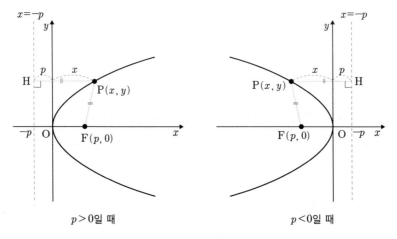

$p>0$일 때 $p<0$일 때

포물선의 방정식 $y^2=4px$ (단 $p\neq0$)

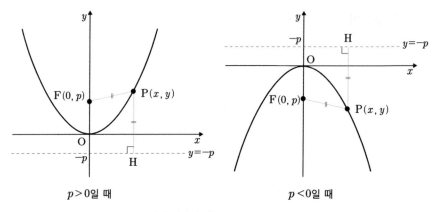

$p > 0$일 때 $p < 0$일 때

포물선의 방정식 $x^2 = 4py$ (단 $p \neq 0$)

표 ^{chart}

내용을 규격과 절차 및 기준에 따라 나타낸 것. 좌표, 도표, 그래프 등이 해당된다.

표본공간 ^{sample space}

시행이나 실험으로 나타날 수 있는 모든 경우를 집합으로 나열한 것. 즉 확률 실험에서 나오는 모든 결과이다. 수학 기호로는 Ω(omega)로 나타낸다.

예 주사위의 표본공간은 {1, 2, 3, 4, 5, 6}.

표본조사 sample survey

집단을 조사하기 위해 전체가 아닌 일부분을 대상으로 특성을
파악하는 조사. 샘플 조사 또는 시료 조사라고도 한다.

표준편차 standard deviation

분산의 양의 제곱근. 각 변량에서 평균을 뺀 것의 제곱의 합을
도수의 합으로 나눈 것이 분산인데, 여기에 양의 제곱근을 씌운
것이다.

$$표준편차 = \sqrt{분산} = \sqrt{\frac{\{(변량)-(평균)\}^2의\ 합}{도수의\ 총합}}$$

푸리에 급수 Fourier series

함수를 삼각함수로 근사시키는 삼각다항식. 푸리에 급수는
sin과 cos의 합으로 구성되어 있다.

주기함수를 $f(t)$로 하고 a_n, b_n을 푸리에 계수, T는 기본주기,
w_0은 기본 주파수일 때, 푸리에 급수를 나타내면,

$$f(t) = \sum_{n=0}^{\infty}(a_n\cos nw_0 t + b_n\sin nw_0 t) \quad 여기서,\quad w_0 = \frac{2\pi}{T}$$

ㅍ

푸앵카레 추측 Poincar's conjecture

3차원 공간의 폐곡선이 수축하여 하나의 점으로 모이면 그 공간은 하나의 구로 바뀐다는 위상수학에 관한 추측. 1904년 수학자 푸앵카레가 제기했고, 100년 동안 미해결 수학 난제로 있다가 2006년 수학자 페렐만이 온도와 변수, 엔트로피의 물리학적 변수를 이용하여 구부러진 우주 공간을 펴는 방정식으로 증명했다. 이 증명으로 페렐만은 필즈상 수상자로 선정되었지만 수상을 거절했다.

프톨레마이오스의 정리 Ptolemaeos' theorem

원에 내접한 사각형의 두 대각선의 길이의 곱은 두 쌍의 대변의 길이의 곱의 합과 같다는 정리. 톨레미의 정리로 잘못 알려져 있다.

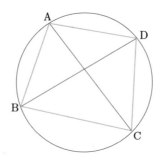

$$\overline{AB} \times \overline{CD} + \overline{AD} \times \overline{BC} = \overline{BD} \times \overline{AC}$$

피보나치 _{Leonardo Fibonacci, 1170~ 1250년 경}

이탈리아의 수학자. 아라비아 인도식 산법을 유럽에 알렸다. 저서로는 피보나치 수열이 실린 《산반서^{Liber abaci}》와 《실용기하학^{Practica geometriae}》《제곱수에 관한 책^{Liber quadratorum}》 등이 유명하다.

피타고라스 _{Pythagoras, 기원전 580~500}

그리스의 수학자. 정치가, 철학자. 이집트와 바빌로니아에서 이미 발견해증명된 기하학적 이론을 피타고라스의 정리로 체계화했다. 우주관과 세계관의 규칙을 숫자로 증명하고, 근원으로 정하고자 했다. 피타고라스학파를 결성하여 신비주의적 연구도 많이 했다. 삼각형과 음계의 비율도 연구 분야 중 하나이며 유명했다.

피타고라스의 정리 _{Pythagorean theorem}

직각삼각형에서 직각을 낀 두 변의 길이의 제곱의 합은 빗변이 길이의 제곱과 같다는 정리.

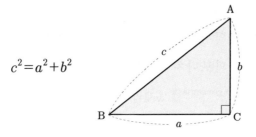

$$c^2 = a^2 + b^2$$

필요충분조건 necessary and sufficient condition

p이면 q이고, q이면 p가 되는, 동치가 성립하는 조건.

예 a, b가 실수일 때, $a^2 + b^2 = 0$이면 $a = 0$, $b = 0$이다.

필즈상 Fields Medal

수학 업적이 뛰어난 학자에게 수여하는 상으로 4년마다 수상식이 있다. 만 40세 이상의 수학자는 받을 수 없으며, 필즈상의 앞면에는 아르키메데스의 초상화가, 뒷면에는 아르키메데스 스스로가 최고의 업적이라고 꼽았던 정리인 '구와 구에 외접하는

원기둥의 겉넓이의 비는 2:3이고, 부피의 비도 2:3이다'라는 글이 적혀 있다.

하노이탑 ^{Hanoi tower}

여덟 개의 원판을 한 번씩 옮겨서 다른 위치로 이동하는 퍼즐
이자 학습 교구. 1883년 프랑스의 수학자 에두아르 뤼카<sup>François
Édouard Anatole Lucas, 1842~1891</sup>가 발명한 것으로, n개의 원판을 다른
원기둥에 전부 이동하는 회수는 $2^n - 1$을 따른다. 반드시 원판
을 한 번에 하나씩 이동시켜야 하며, 작은 원판 위에 큰 원판이
놓여서는 안 된다는 규칙이 있다.

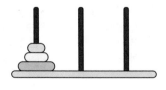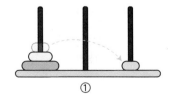

①

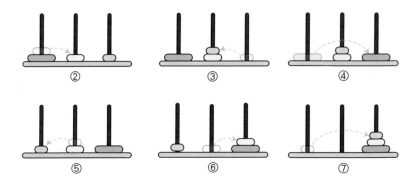

한붓 그리기 traversability of network

붓을 떼지 않고 한 번에 경로를 지나면서 그리는 것. 오일러는 '모든 점이 짝수 개의 선을 가지거나 2개의 점이 홀수 개의 선을 가지면 한붓그리기가 가능하다'는 법칙을 발표했다.

 예

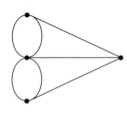

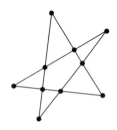

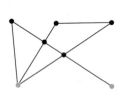

모든 점이 홀수선의 개수를 가지므로 한붓그리기가 불가능하다.

모든 점이 짝수선의 개수를 가지므로 한붓그리기가 가능하다.

2개의 점이 홀수선의 개수를 가지므로 한붓그리기가 가능하다.

할선 secant line

원 또는 곡선을 두 개 이상의 점에서 만나 자르는 직선.

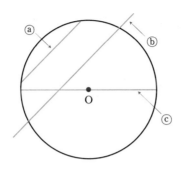

ⓐ 현도 원을 나누므로 할선이다.

ⓑ 원을 두 부분으로 나누는 할선이다.

ⓒ 지름도 원을 동일하게 두 부분으로 나누므로 할선이다.

포물선과 만나는 직선 l은 두 점에서 만나므로 할선, 직선 m은 한 점에서 만나므로 접선이다. 직선 n은 포물선과 만나지 않는다.

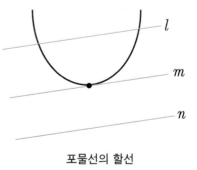

포물선의 할선

할푼리모사 割分厘毛絲

우리나라에서 비율을 소수로 나타내면서 사용한 단위. 그 뒤에도 수많은 단위가 정해져 있어 세세한 단위까지 표현할 수 있다.

1할은 0.1, 1푼은 0.01, 1리는 0.001, 1모는 0.0001, 1사는 0.00001

예 0.34567 → 3할 4푼 5리 6모 7사

함수 function

변수 x가 오직 하나의 변수 y의 대응하는 관계. $y=f(x)$, $y=g(x)$, $y=h(x)$ 등 여러 표현이 가능하다. 또한 사상이라고도 한다. 함수의 종류는 일차함수, 이차함수, 분수함수, 무리함수, 삼각함수, 지수함수, 로그함수 등 여러 가지가 있다. 변수 x와 y는 실수의 범위 외에도 복소수에도 사용할 수 있다.

예

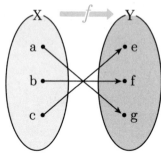

함수이다.

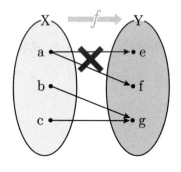

정의역의 원소 a가
공역 원소 e, f에 대응하기 때문에
함수가 아니다.

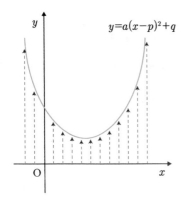

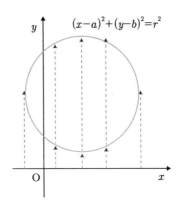

| 1개의 변수 x가 1개의 변수 y에 대응하므로 함수이다. | 1개의 변수 x가 1개 또는 2개의 변수 y에 대응하므로 함수가 아니다. |

함수의 연속 continuity of function

함수 $f(x)$가 다음의 3가지 조건을 $x=a$에서 성립하고 만족하면서 또한 정의역의 범위 내에서 연속하는 것을 의미한다.

① 함수 $f(x)$가 $x=a$에서 정의되어 있다.

② 극한값 $\lim_{x \to a} f(x)$가 존재한다.

③ $\lim_{x \to a} f(x) = f(a)$가 성립한다.

함수의 연속은 미분이 가능한지의 여부가 매우 중요한 조건이다.

함숫값 value of function

함수에서 독립변수 x값에 따른 종속변수 y값.

예 $y=2x+2$에서 독립변수 x에 1을 대입하면 종속변수 y
는 4가 된다. 이때 4가 함숫값이다.

합동 congruence

모양과 크기가 동일하여 두 개 이상의 도형이 완전히 포개짐.
대응점, 대응각, 대응변이 같음.

원 또는 구는 반지름의 길이만 같으면 서로 합동이다.

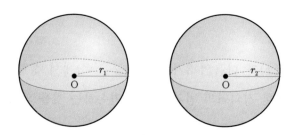

$r_1=r_2$이므로 합동이다.

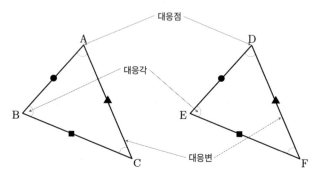

삼각형 ABC와 삼각형 DEF는 서로 합동이다. 세 개의 대응각, 세 개의 대응변, 세 개의 대응점이 같다.

합성명제 compound proposition

논리 연산자를 이용하여 두 개 이상의 명제를 합한 명제. 복합명제 또는 겹명제라고도 한다. 기본 논리 연산자에는 부정($\sim$), 논리합($\vee$), 논리곱($\wedge$), 배타적 논리합($\oplus$)이 있다.

부정

p	$\sim p$
T	F
F	T

논리합, 논리곱, 배타적 논리합

p	q	$p \vee q$	$p \wedge q$	$p \wedge \sim q$
T	T	T	T	F
T	F	T	F	T
F	T	T	F	F
F	F	F	F	F

p	q	$\sim p \wedge q$	$(p \wedge \sim q) \vee (\sim p \wedge q)$	$p \oplus q$
T	T	F	F	F
T	F	F	T	T
F	T	T	T	T
F	F	F	F	F

합성수 composite number

1과 2개 이상의 소수의 곱으로 이루어진 수. 자연수는 1, 소수, 합성수로 이루어진다. 소수는 1과 자신의 곱으로 되어 있지만 합성수는 1과 2개 이상의 소수를 가진다. 약수가 3개 이상인 것도 특징이다.

> **예** $6 = 1 \times 2 \times 3 \rightarrow 1$ 이외에 2와 3의 소수의 곱으로 되어 있다. 6의 약수의 개수는 1, 2, 3, 6의 4개이다.

합성함수의 미분법 differentiation of composite function

합성함수 $y = f\{g(x)\}$를 미분하는 방법으로
$y' = f'\{g(x)\}g'(x)$가 된다.

예 $y = (4x-1)^2$을 미분하여라.

$4x-1$을 u로 놓으면, $y = u^2$

$\dfrac{dy}{du} = 2u$ $\qquad\qquad$ …①

$4x-1 = u$에서 $\dfrac{du}{dx} = 4$ …②

$\dfrac{dy}{dx} = \dfrac{dy}{du} \times \dfrac{du}{dx} = 2u \times 4 = 8u = 8(4x-1) = 32x - 8$

$\dfrac{dy}{dx}$ 을 구하기 위해서 $\dfrac{dy}{du}$ 와 $\dfrac{du}{dx}$ 를 구해 계산했다. 이것을 조금 더 빠르게 계산하기 위해

$y' = f'\{g(x)\}g'(x)$ 을 이용하면

$$\dfrac{dy}{dx} = \{(4x-1)^2\}'$$

$$= 2 \times (4x-1) \times (4x-1)'$$

$$= 8(4x-1)$$

$$= 32x - 8$$

합집합 union of sets

2개 이상의 집합에서 집합을 모두 합한 집합. 합집합의 기호는 ∪로 표기한다. 두 집합 A와 B의 합집합은 A∪B로 나타

낸다.

예 A={1, 2, 3}, B={2, 3, 5, 9, 10}이면

A∪B={1, 2, 3, 5, 9, 10}이다.

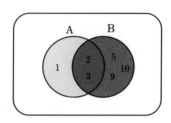

항 term

식을 구성하는 기본 개체.

예 다항식 $2x^2+3x-10$에서 항은 $2x^2$, $3x$, -10으로 3개
이다.

항등식 identity

미지수 x에 어떤 값을 대입해도 항상 성립하는 등식. 등식에
는 방정식과 항등식이 있다. 따라서 항등식은 등식에 포함된다.

예 $2x+2x=4x$

좌변과 우변에 임의의 x값을 대입해도 항상 성립한다.

항등원 identity element

집합의 원소가 어떤 원소를 선택하여 연산을 해도 자신이 되는 것. $a \circ e = a$가 성립되는 것을 말한다. 교환법칙이 반드시 성립해야 한다.

해 solution

방정식의 참을 만족하는 미지수의 값. 근이라고도 부른다.

예 $x + 7 = 10$을 만족하는 미지수 x는 3이므로 해는 3이다.

해집합 solution set

방정식 또는 부등식을 풀었을 때, 원소나열법으로 해를 나타낸 것.

예 $x^2 = 2$을 풀면 $x = \pm\sqrt{2}$ 이다. 해집합으로 나타내면 $\{-\sqrt{2}, \sqrt{2}\}$이다.

행렬 matrix

원소를 큰 괄호 안에 직사각형 형태로 배열한 것. 행렬은 가로줄에 있는 원소를 행, 세로줄에 있는 원소를 열로 정하여 m개의 행과 n개의 열로 구성된 행렬을 $m \times n$ 행렬로 부른다.

$$\begin{pmatrix} 1 & 5 \end{pmatrix} \quad \begin{pmatrix} -2 \\ 1 \end{pmatrix} \quad \begin{pmatrix} 9 & -1 & 2 \\ 1 & 0 & 5 \end{pmatrix} \quad \begin{pmatrix} x & x^2 & y \\ y^2 & x^3 & -x \\ -y & y^2 & x \end{pmatrix}$$

1×2행렬 2×1행렬 2×3행렬 3×3행렬

$$A = \begin{pmatrix} a_{11} & a_{12} \\ a_{21} & a_{22} \end{pmatrix}$$

행렬 A의 원소 a_{11}, a_{12}, a_{21}, a_{22}는 성분이라 한다.
그리고 행렬 E는 단위행렬이다.

$$E = \begin{pmatrix} 1 & 0 \\ 0 & 1 \end{pmatrix}, \ E = \begin{pmatrix} 1 & 0 & 0 \\ 0 & 1 & 0 \\ 0 & 0 & 1 \end{pmatrix}, \ \cdots$$

어떤 행렬에 단위행렬을 곱하여 계산해도 그 행렬의 결과는 자신과 같다.

행렬은 다음의 6가지 법칙이 성립한다(행렬의 행과 열이 같고, k는 실수배).

(1) **교환법칙** : $A+B=B+A$

(2) **결합법칙** : $(A+B)+C=A+(B+C)$

(3) **분배법칙** : $k(A+B)=kA+kB$

(4) **덧셈에 대한 항등원** : $A+O=O+A=A$

(5) **덧셈에 대한 역원** : $A+(-A)=(-A)+A=O$

(6) **곱셈에 대한 항등원** : $AE=EA=A$

행렬식 determinant

행렬을 계산한 함숫값. $det(A)$로 나타내며, 역행렬의 존재여부를 알 수 있으며, 처음에는 방정식의 풀이에서 사용되다가 행렬에도 적용되는 것이 밝혀졌다. $det(A)$로 나타낸다.

행렬 A가 (a_{11})일 때 $det(A)=a_{11}$, $\begin{pmatrix} a_{11} & a_{12} \\ a_{21} & a_{22} \end{pmatrix}$일 때 $det(A)=a_{11}a_{22}-a_{12}a_{21}$이다.

3×3행렬의 행렬식은 사루스의 법칙으로 계산한다.

현 chord

원 위의 두 점을 연결한 선분. 원의 둘레에 임의의 두 점을 정한

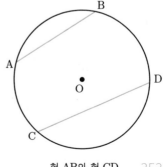

현 AB와 현 CD   353

후 선분으로 연결하면 현이 된다. 중심각의 크기가 커지면 현의 크기가 커지지만 비례해서 커지지는 않는다.

또한 현을 수직이등분하면 항상 원의 중심 O를 지난다.

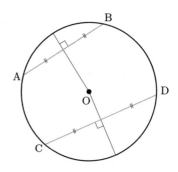

호 arc

원 위의 점들에 의해 나누어지는 곡선. 원호라고도 한다. 호 AB는 $\overset{\frown}{AB}$로 표기한다. 호의 길이는 중심각의 크기에 비례하고, 중심각의 크기가 같은 두 호의 길이는 같다.

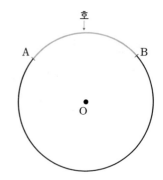

호도법 radian

1라디안을 $\dfrac{180°}{\pi}$로 하여 각의 크기를 구하는 방법.

$$1rad = \frac{180°}{\pi}$$

$$\rightarrow \pi \times rad = 180°$$

$$\rightarrow \pi = 180°$$

예 $120°$는 $\dfrac{120°}{180°}\pi = \dfrac{2}{3}\pi$ 이다.

혼순환소수 ^{mixed recurring decimal}

소수 둘째 자릿수 이하부터 순환마디가 시작되는 순환소수.

예 $0.412121212\cdots \rightarrow$순환마디는 12이다.

$0.21456456456\cdots \rightarrow$순환마디는 456이다.

홀수 ^{odd number}

2로 나누어떨어지지 않는 정수.

예 $-5, -3, 1, 7$

화씨온도 ^{fahrenheit's temperature scale}

1기압의 조건에서 물의 어는점을 32, 끓는점을 212로 정해서 두 점 사이를 180등분한 온도 눈금으로 단위는 °F로 파렌하이트로 읽는다.

1724년에 독일의 물리학자 파렌하이트^{Daniel Gabriel Fahrenheit, 1686~1736}가 제안한 온도로 세계 최초로 온도의 측정이 가능했다.

미터법의 제정으로 1960년대부터는 화씨온도 대신 섭씨온도를
세계적으로 많이 사용하고 있다.

$$1°F = -17.222222℃$$

확률 probability

사건의 가능성을 수로 나타낸 것. 확률은 영어의 약자로 p로
많이 나타내며, $0 \leq p \leq 1$의 범위를 가진다. p가 0이면 절대로
일어나지 않는 사건의 확률이며, 1이면 반드시 일어나는 사건의
확률이다. 그리고 $1-p$는 p가 일어나지 않는 확률이며, q로도
나타낸다. 따라서 $p+q=1$이다.

확률에는 덧셈정리와 곱셈정리가 있다.

확률의 덧셈정리

두 사건 A, B가 배반사건(한쪽이 발생하면 다른 한쪽은 발생하지
않는 사건)이면 적어도 사건 A, B중 하나가 발생할 확률은 각각
의 합과 같다는 정리이다. 배반사건이면 $P(A \cap B) = \phi$이므로 확
률은 덧셈정리는 $P(A \cup B) = P(A) + P(B)$로 나타낸다.

확률의 곱셈정리

확률의 곱셈정리는 두 사건 A, B가 동시에 발생할 확률을 '사건의

발생확률과 조건부 확률의 곱'으로 나타낸 것이다. 동시에 발생할 확률인 P(A∩B)=P(A)P(B|A) 또는 P(B)P(A|B)로 나타낸다. 두 사건 A, B가 독립사건(A, B가 서로 발생해도 A와 B의 확률에는 아무런 영향을 주지 않는 사건)이면 P(A∩B)=P(A)P(B)이다.

활꼴 circular segment

호와 그 양 끝을 잇는 현으로 둘러싸인 도형.

부채꼴은 호와 반지름으로 둘러싸인 도형이며, 활꼴은 호와 현으로 둘러싸인 도형이다.

오른쪽 그림처럼 원을 1번 자르면 두 개의 활꼴로 나누어진다.

반지름이 r이고, 중심각의 크기가 θ일 때 활꼴의 둘레와 넓이를 구하는 공식은 다음과 같다.

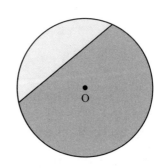

활꼴의 둘레 $= r\theta + 2r\sin\dfrac{\theta}{2}$

활꼴의 넓이 $= \dfrac{r^2}{2}(\theta - \sin\theta)$

황금비 golden ratio

하나의 선분이 1:1.618로 내분되는 가장 이상적인 비. 은하, 앵무조개, 해바라기, 레오나르도 다빈치의 인체도는 황금비의 대표적인 예이다.

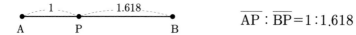

$$\overline{AP} : \overline{BP} = 1 : 1.618$$

예 황금비 1:1.618은 직사각형의 가로와 세로, 정오각형의 대각선에도 적용된다.

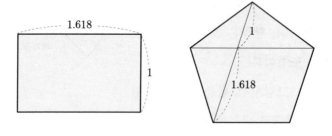

회귀분석 regression analysis

독립변수와 종속변수들 간의 회귀식을 추정한 후, 그 식을 이용해 예측하는 통계적 분석.

회전각 angle of rotation

회전변환에 의해 이동한 각의 크기.

회전중심을 O로 하고, 점 A가 회전변환 f에 의해 점 B로 이동했을 때의 움직인 각도 θ가 회전각이다. 점의 회전변환 외에도 면의 회전 변환에서도 회전각은 존재한다.

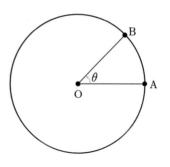

회전체 a body of revolution

평면도형에 한 직선을 축으로 정해 1회전했을 때 만들어지는 입체도형.

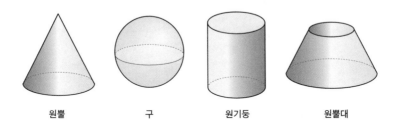

원뿔   구   원기둥   원뿔대

회전축 rotation axis

회전체를 만들었을 때 직선으로 정한 축.

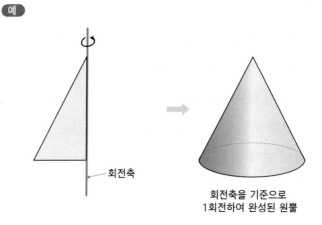

예

회전축

회전축을 기준으로
1회전하여 완성된 원뿔

후항 consequent

비례식에서 전항의 뒤에 있는 항. $a:b$에서 b, $a:b=c:d$에
서 b와 d가 후항이다.

히스토그램 histogram

계급의 크기를 가로에, 도수를 세로에 나타낸 직사각형 모양
의 그래프.

예 다음은 어느 반 학생들이 한 달 동안 인터넷에 접속했던
시간을 도수분포표를 토대로 히스토그램으로 나타낸 것
이다.

계급(단위: 시간)	도수(명)
0(이상) ~ 2(미만)	3
2(이상) ~ 4(미만)	4
4(이상) ~ 6(미만)	6
6(이상) ~ 8(미만)	7
8(이상) ~ 10(미만)	6
10(이상) ~ 12(미만)	8
12(이상) ~ 14(미만)	4
14(이상) ~ 16(미만)	2
합 계	40

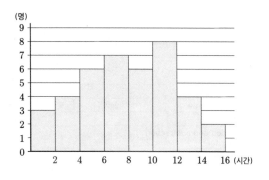

영어 수학 용어

참고 도서

SSAT · SAT 수학용어사전
김선주 저, 이지북

누구나 수학
위르겐 브릭 저, 정인회 옮김, 지브레인

수학 수식 미술관
박구연 저, 지브레인

수학용어사전
중학수학연구회 엮음, 박규홍 감수, 동화사

품질관리
송재우 저, 형설출판사

한권으로 끝내는 수학
위르겐 브릭 저, 정인회 옮김, 오혜정 역, 지브레인

형상기억 수학공식집-수학Ⅱ+미분과 적분
수경출판사